Sin miedo a la competencia digital docente

¡TIPS PARA TU AULA!

Cristiana Vasiluta Costea
Ana Marín Dos Santos

Primera edición: febrero de 2023

Impresión y editorial: BoD – Books on Demand
info@bod.com.es - www.bod.com.es
Impreso en Alemania – Printed in Germany

ISBN: 978-84-13-26443-1

Título original:
Si miedo a la competencia digital docente. ¡Tips para tu aula!

Gráficos e imágenes tratadas sobre originales vectorizadas de pch.vector, vectorjuice, storyset, macrovector, nsitvector y diseñadas por Freepik.com.
Otros gráficos y tablas vectorizados y creadas por Luna Lunae

Diseño, maquetación y artefinal:
Carlos Arribas [Luna Lunae, Diseño gráfico y editorial]

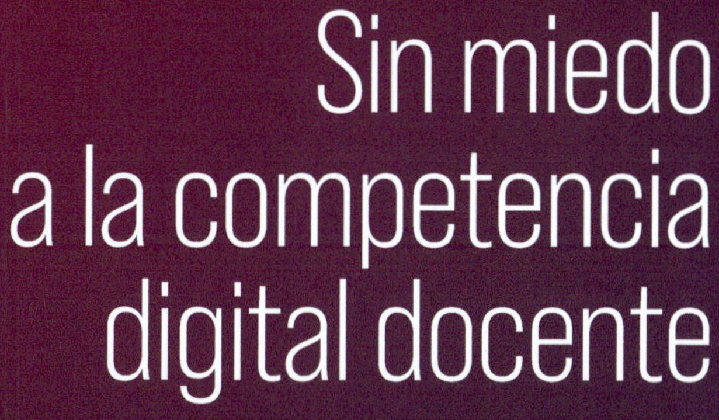

Sin miedo a la competencia digital docente

¡TIPS PARA TU AULA!

Cristiana Vasiluta Costea

Ana Marín Dos Santos

ÍNDICE

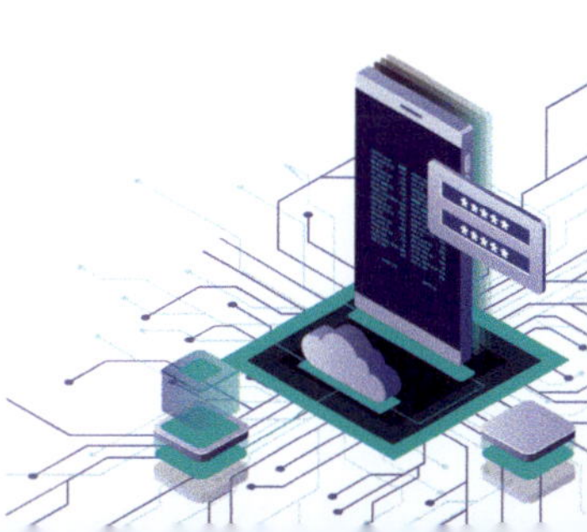

INTRODUCCIÓN

El uso tradicional de la comunicación e interacción de los ciudadanos ha experimentado una transformación en las últimas décadas. Estos cambios sociales han puesto de manifiesto la falta de formación y la desigualdad entre las exigencias actuales y la capacidad de progreso individual sin conocimientos previos en tecnología.

La sociedad actual, de la información y líquida, con cambios tecnológicos vertiginosos, requiere una actualización de los conocimientos, competencias y habilidades de los ciudadanos y las instituciones educativas cobran un papel fundamental en esta transformación social.

Muchos estudios, investigaciones y artículos se han dedicado al tema de la tecnología en la sociedad actual y Joseph E. Stiglitz (2015) ha defendido la idea de que el desarrollo tecnológico es, esencialmente, el que sustenta el progreso económico y social de la humanidad en los últimos siglos. Este desarrollo está estrechamente relacionado con la capacidad de aprendizaje del ser humano en la medida en que la humanidad ha ido aprendiendo «a hacer más cosas y a hacerlas mejor» y eso conduce al cambio y progreso. Por tanto, según Stiglitz, el progreso exige la construcción de sociedades del aprendizaje basadas en tecnología.

Estos procesos de cambio que desencadenan la difusión generalizada de las tecnologías de información y comunicación (TIC) están produciendo una rápida transformación a todos los niveles.

A nivel individual, somos conscientes de que para funcionar en la nueva sociedad tecnológica y de la información de manera adecuada es necesario alcanzar ciertos umbrales de alfabetización digital. En otras palabras, la revolución digital requiere el desarrollo de las destrezas y competencias vinculadas al dominio de las TICs, en el conocimiento que permiten ensamblar distintos artefactos digitales, en el manejo de múltiples fuentes de información, y en la interacción en redes sociales y virtuales.

Todo ello fomentando un pensamiento crítico que dote a la ciudadanía y a las futuras generaciones de herramientas de autoprotección y selección adecuada de usos y recursos digitales.

La revolución tecnológica y el aprendizaje continuo que implica, debe tener en cuenta dos grandes conjeturas:

1° La primera estipula que la brecha digital entre estratos socioeconómicos se amplía cuando el uso de las TIC se deja en manos del mercado laboral.

2° La segunda propone que el sistema educativo es la principal institución del estado que puede disminuir la brecha digital y así aumentar las oportunidades de una participación plena de todos los ciudadanos en el progreso social.

Estas dos potencialidades responden a los dos pilares fundamentales de la educación del siglo XXI: "aprender a aprender" y "aprender a vivir juntos" (Delors, 1996) Por tanto la integración de las TIC en los sistemas educativos no debe concebirse como la panacea que resuelve estas problemáticas, sino como una oportunidad para la innovación educativa desde la praxis pedagógica.

Ante esta situación, las instituciones educativas se enfrentan a nuevos desafíos, no sólo de incorporar las nuevas tecnologías de la información como contenidos de la enseñanza, sino también reconocer y partir de las concepciones que los niños y los adolescentes tienen sobre estas tecnologías para diseñar, desarrollar y evaluar prácticas pedagógicas que promuevan el desarrollo de una disposición reflexiva sobre los conocimientos y los usos tecnológicos.

Esta complejidad repercute en los procesos de enseñanza y aprendizaje y requiere por parte de los docentes una actualización continua de competencias, conocimientos, habilidades y actitudes.

Pero este aprendizaje continuo que se exige a la humanidad tiene su vertiente desfavorable ya que ha causado situaciones de "estrés tecnológico" o también denominado "tecnoestrés" que algunos autores definen como **'el impacto negativo que tienen las TIC en las actitudes, pensamientos y conductas, y que generan un alto nivel de activación psicofisiológica del organismo'.**

El sistema educativo, a través de sus instituciones, debe ofrecer las herramientas adecuadas para controlar estas situaciones de estrés, frustración y agotamiento de los ciudadanos aportando la creación de situaciones de aprendizaje que fomenten la adquisición de las competencias necesarias para desenvolverse con soltura en la sociedad actual.

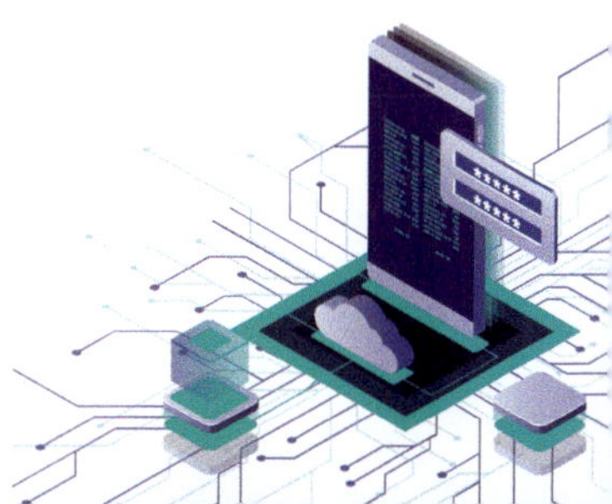

JUSTIFICACIÓN

El sistema educativo no puede quedarse al margen del progreso social. Los avances tecnológicos y las demandas sociales exigen una actualización pedagógica que fomente el uso de la tecnología y el desarrollo de competencias necesarias para el siglo XXI.

Antes de adentrarnos en la parte más práctica, vemos necesario sustentar nuestras ideas en las teorías que fundamentan esas competencias digitales.

No podemos negar la necesidad de ofrecer a nuestros alumnos y alumnas de una formación más integral, dotándolos de autonomía y competencia digital suficiente para afrontar los cambios que nuestra sociedad impone de un modo solvente y si es posible sin tener que afrontar el estrés y la inseguridad que generaciones anteriores hemos sufrido por sentir un desfase entre nuestra formación y los niveles reales de competencia exigida.

Esto nos lleva asumir a los docentes un rol activo y directo en la consecución del cambio y lejos de suponer un reto desmotivante o impuesto, hemos de verlo como la posibilidad de ser partícipes y creadores activos del cambio, desde la base: Nuestra escuela.

Para esto, el modelo TPACK nos ofrece junto con el Marco de Referencia de la Competencia Digital Docente, las herramientas y estrategias necesarias para combinar toda nuestra experiencia docente analógica y nuestros conocimientos pedagógicos, con las herramientas digitales necesarias que permitan que esta teoría sea llevada a la práctica de un modo real, y más sencillo de lo que a priori podemos pensar basándonos solo en la legislación.

Si combinamos nuestro conocimiento profundo en la materia que impartimos, con la metodología y las herramientas tecnológicas adecuadas, podemos ofrecer a nuestros alumnos un aprendizaje dentro del marco competencial mucho más acorde a las demandas actuales.

Siguiendo las reformas educativas que parten de UNESCO, en 2008 se plantea una propuesta relacionada a las competencias que debe tener el profesor para desenvolverse apropiadamente en el siglo XXI y subrayamos las siguientes:

- **a.** tener nociones básicas de las TIC para integrarlas dentro de su programación de aula.
- **b.** promover metodologías didácticas que tengas un soporte TIC, fortaleciendo las actividades colaborativas; y
- **c.** aumentar la capacidad de innovación y producción del conocimiento del alumnado, impulsando dentro del aula actividades que permitan la creación de productos de conocimiento modelando el proceso de autoaprendizaje.

Dentro de un universo entero de metodologías, métodos y estrategias pedagógicas, aparece un modelo que se fundamenta en los principios de la UNESCO.

Por ello nos gustaría centrarnos en el método TPACK, cuyo nombre en inglés es: *Technological Pedagogical Content knowledge* y que nace de esta necesidad de una actualización de nuestra formación tecnológica y pedagógica. Debemos asumir que somos los docentes los verdaderos impulsores del cambio, y no las leyes o el sistema educativo en sí. Nosotros somos el motor de todo.

En el método TPACK el docente tiene un papel muy activo ya que está en un continuo proceso de toma de decisiones sobre los elementos que se aglutinan de mejor manera para lograr un proceso efectivo de aprendizaje, además de mantenerlo activado en la búsqueda de aquellas herramientas que hacen posible este proceso.

Este modelo fue desarrollado entre 2006 y 2009 por los profesores Punya Mishra y Mattew J. Koehler, y se basa en la combinación de tres variables en las que cada docente debe formarse, tal como se puede apreciar en el diagrama de la página siguiente.

Existen muchísimos estudios sobre los beneficios de la aplicación del modelo TPACK en el aula y hemos recopilado cinco grandes ventajas.

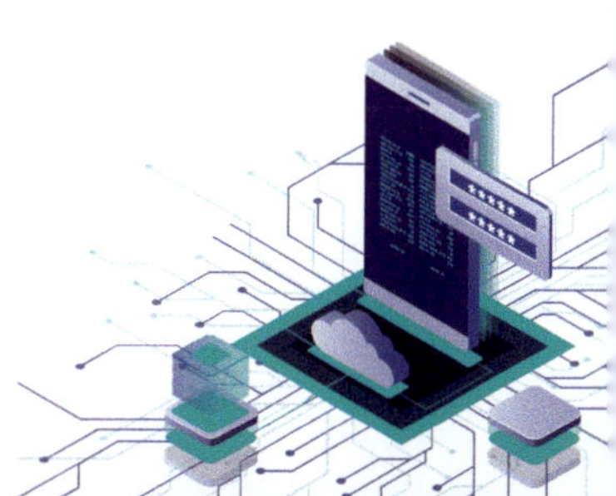

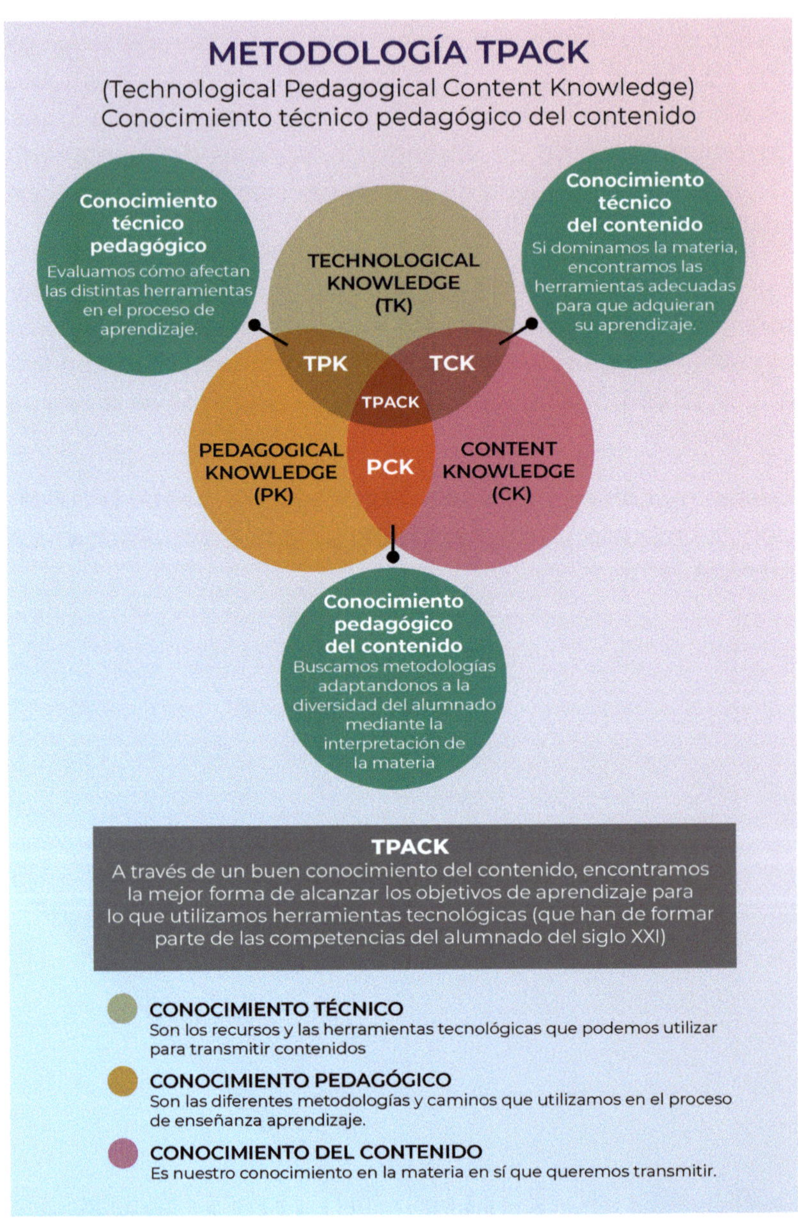

Fuente: Koehler, M. J., Mishra, P., & Cain, W. (2015). ¿Qué son los Saberes Tecnológicos y Pedagógicos del Contenido (TPACK). *Virtualidad, Educación y Ciencia,* 6 (10), pp. 9–23.. Elaboración propia.

Ventajas del uso del modelo TPACK

CONTENIDO DISEÑO UNIVERSAL DEL APRENDIZAJE (DUA): las TICs permiten implementar el diseño universal del aprendizaje y así atender de forma más eficaz a las diferencias educativas de nuestro alumnado, ofreciendo accesibilidad e inclusión, adaptándonos a los diferentes ritmos de aprendizaje.

MOTIVACIÓN Y DIVERSIÓN: las TICs incrementan la motivación del alumnado al utilizar herramientas cercanas a su realidad.

DESARROLLO DE DIVERSAS COMPETENCIAS: las TICs impulsan el desarrollo de competencias sociales, lingüísticas, digitales, culturales, etc.

AGLUTINAR DIVERSAS METODOLOGÍAS: Las TICs nos permiten aplicar una visión ecléctica de métodos y estrategias dando acceso a una gran variedad de contenido en diversos formatos (flipped classroom, ABP, Gamificación, etc.).

EDUCACIÓN CON FUTURO: Las Tics nos permiten ofrecer al alumnado todas aquellas competencias necesarias para la incorporación al mundo laboral.

Se puede apreciar que esas ventajas se han transformado en los principios educativos de las políticas educativas en toda Europa y fundamentan el actual currículo del territorio español.

Pero como cualquier método educativo, el uso del modelo Tpack en el aula tiene su vertiente desfavorable que se debe tener en cuenta para disminuir su impacto en el alumnado.

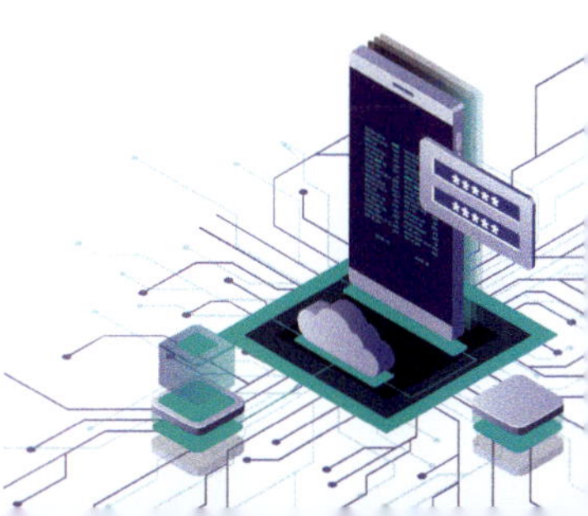

Desventajas del uso del modelo TPACK

DISTRACCIONES: las TICs pueden inducir a situaciones distraídas por parte del alumnado si el uso de las herramientas no tiene un fundamento pedagógico firme y si no existe una buena planificación de las tareas.

INFORMACIÓN ERRÓNEA: la utilización de las herramientas digitales sin control, pueden inducir el acceso a información poco fiable.

ADICCIÓN Y AISLAMIENTO SOCIAL: el uso excesivo de herramientas digitales puede conducir a adicciones, un tema muy debatido en la sociedad, especialmente entre los adolescentes.

PROBLEMAS FÍSICOS: la utilización continuada de dispositivos electrónicos y digitales puede conducir a problemas de vista, postura, etc.

PRIVACIDAD Y CIBERACOSO: temas muy actuales y que suponen el uso responsable de las herramientas digitales.

Somos conscientes que no hay un método pedagógico perfecto y que encaje con las características de todos nuestros alumnos y por ello nos inclinamos hacia una visión ecléctica de distintas metodologías, métodos pedagógicos adaptadas al contexto del aula, a las características del alumnado, a la realidad escolar de cada docente.

BREVE HISTORIA

La evolución de la competencia digital en Europa y en España ha tenido varios hitos importantes, que nos ayudarán a entender la relevancia del tema y la necesidad de una formación continua de todos los ciudadanos.

1. DigComp 2.2 Marco de Competencias Digitales para la Ciudadanía

Según UNESCO (2012), entendemos por Competencia Digital Ciudadana,

> "el conjunto de conocimientos, habilidades, actitudes y estrategias que todo ciudadano y ciudadana de la sociedad actual, con independencia de sus características personales, requiere en relación al conocimiento técnico básico del mundo digital así como el uso y manejo de los dispositivos digitales, las aplicaciones de la comunicación y la red para acceder a la información, con el fin de ser capaces de realizar una adecuada gestión de las mismas en su desarrollo personal, social y profesional, de cara al trabajo, la empleabilidad, el aprendizaje, el uso del tiempo libre, la inclusión y participación en la sociedad".

Para lograr que las personas progresen en una economía y sociedad conectadas, "las competencias digitales deben ir también a la par de las capacidades sólidas en lectoescritura y cálculo, de un pensamiento crítico e innovador, de las soluciones a los problemas complejos, la capacidad de colaborar y las capacidades socioemocionales". (UNESCO- 2021).

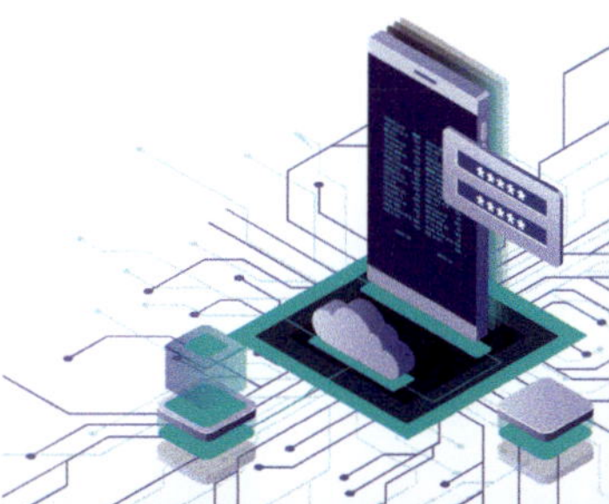

Siguiendo las definiciones establecidas por la Unión Europea, las competencias serían el conjunto de tres grandes vertientes:

Fuente: Fuente: Publications Office of the European Union (2022). Elaboración propia.

La adquisición y el desarrollo de competencias digitales se erige mediante el Plan de Recuperación, Transformación y Resiliencia, que pretende impulsar la recuperación económica y la creación de empleo de calidad, modernizar el modelo productivo y disminuir la brecha digital y cognitiva del país.

Un proceso que impulsa la mejora de la capacitación de todos y todas, así como la mejora de las competencias digitales ciudadanas. En este proceso, la implicación de los sistemas de educación y formación profesional son esenciales para llegar a todas las personas que requieren cualificación, recualificación y refuerzo de competencias digitales que respondan a las nuevas demandas económicas, políticas y sociales. Este Plan está alineado con la Agenda 2030 y los Objetivos de Desarrollo Sostenible (ODS) de la Unión Europea e implica un trabajo conjunto de todas las instituciones.

La Agenda Digital 2025, en el ámbito nacional, establece la capacitación digital con el objetivo de:

- "reforzar las competencias digitales de las personas trabajadoras y del conjunto de la ciudadanía"
- y "lograr que el 80% de la población española tenga competencias digitales básicas a la finalización de su periodo de programación".

El Marco Europeo de Competencias Digitales para la Ciudadanía, también conocido como DigComp, se presenta, pués, como una herramienta diseñada para mejorar las competencias digitales de los ciudadanos. El DigComp se desarrolló por el Centro Común de Investigaciones (JRC) como resultado del proyecto científico encargado por las Direcciones Generales de Educación y Cultura junto con la de Empleo. La primera publicación de DigComp fue en 2013 y desde entonces se ha convertido en una referencia para el desarrollo y planificación estratégica de iniciativas en materia de competencia digital, tanto a nivel europeo como de los estados miembros. En junio de 2016, el JRC publicó DigComp 2.0, actualizando la terminología y el modelo conceptual, así como los ejemplos de caso en su implementación a nivel europeo, nacional y regional. Posteriormente, en el 2017 se publicó la versión 2.1 que actualizó, fundamentalmente, los niveles de aptitud, así como los ejemplos de caso en su implementación a nivel europeo, nacional y regional. En la actualidad, la última versión es el DigComp 2.2, publicado en el 2022, consiste en una actualización de los ejemplos de conocimientos, habilidades y actitudes. Además, la publicación también reúne los documentos de referencia clave sobre DigComp para respaldar su implementación.

En el diagrama de la página siguiente te mostramos resumidos los hitos más importantes en tema de publicaciones relacionadas con las actualizaciones y modificaciones que han ido adaptándose a las necesidades de implantación de estas leyes y documentos.

No está de más conocer estos hitos, para tener claros los últimos parámetros, así como en base a los que estos se han ido desarrollando y mejorando, en los que nos basamos en este libro, para darte ejemplos prácticos y reales a la hora de trasladar al uso diario del aula y de la vida las competencias y habilidades que se recogen y deberían ser aplicadas para la consecución de los objetivos señalados.

Hitos importantes relacionados con la competencia digital docente

2007
La Comisión Europea publica las competencias clave del aprendizaje permanente.

2008
La UNESCO publica los estándares de las competencias TIC para docentes.

2011
La UNESCO publica el marco de las competencias TIC para docentes.

2013
INTEF publica el Marco Común de la Competencia digital Docente.

2016
La Sociedad Internacional de Tecnología en Educación (ISTE®) publica los estándares para los estudiantes.

2016
La Comisión Europea publica el Marco de la Competencia Digital para la ciudadanía: CompDig2.0.

2017
La Comisión Europea publica el Marco de la Competencia Digital para la ciudadanía: CompDig2.1.

2017
La Comisión Europea publica DigCompEdu (Competencia Digital en Educación).

2018
La Comisión Europea pública recomendaciones en las competencias clave para el aprendizaje permanente.

2022
Se publica la nueva versión del Marco Común Europeo de Competencias Digitales para la Ciudadanía, DigComp 2.2.

2022
Se realiza la última actualización de MRCDD (Marco de Referencia de la Competencia Digital Docente).

Fuente: Publications Office of the European Union (2022). Elaboración propia.

En la infografía de la página anterior podemos ver las 5 áreas de la Competencia Digital para la ciudadanía que se explican en el Marco Común Europeo (DigComp 2.2).

Como verás más adelante, estas competencias, casi en su totalidad, están estrechamente relacionadas con la Competencia Digital Docente que nos ocupa, ya que indudablemente, además de ciudadanos competentes, los docentes somos los artífices primeros de la formación competencial de los futuros ciudadanos activos de nuestra sociedad; Nuestr@s alumn@s.

Partiendo de este Marco Europeo de la Competencia digital de la ciudadanía se ha desarrollado el Marco de Referencia de la Competencia digital docente.

2. Marco de Referencia de la Competencia Digital Docente (MRCDD)

El presente Marco es nuestra base para fundamentar los tips educativos para el aula que más adelante presentaremos y para ello, vemos necesario adentrarnos en algunos conceptos elementales para comprender las lecturas posteriores.

En el contexto educativo, el presente Marco tiene un doble objetivo:

- La competencia digital se percibe como objeto mismo de aprendizaje, en la medida en la que, junto con la lectoescritura y el cálculo, forman parte de la alfabetización básica de toda la ciudadanía en las etapas educativas obligatorias y de educación de adultos y constituyen un elemento esencial de la capacitación académica y profesional en las enseñanzas postobligatorias.

Fuente: Resolución de 4 de mayo de 2022, actualización del MRCDD. Elaboración propia.

- Por otra parte, los docentes y el alumnado han de emplearlas como medios o herramientas para desarrollar cualquier otro tipo de aprendizaje.

(ver el artículo 2 de la Ley Orgánica 2/2006, de 3 de mayo, de Educación, modificada por la Ley Orgánica 3/2020, de 29 de diciembre, en el que se fijan los fines del sistema educativo, en los artículos 102 sobre formación permanente, 111 bis sobre las tecnologías de la información y la comunicación y 121 sobre el proyecto educativo).

Por estos motivos, se ha optado por una adaptación al contexto español del Marco de competencias digitales para los educadores (DigCompEdu) (2017), elaborado por el Joint Research Centre (JRC) y publicado por la Comisión Europea.

El presente Marco está estrechamente relacionado con otros dos marcos, el de las organizaciones educativas digitalmente competentes (DigCompOrg) y el de las competencias digitales de la ciudadanía (DigComp), como hemos comentado anteriormente.

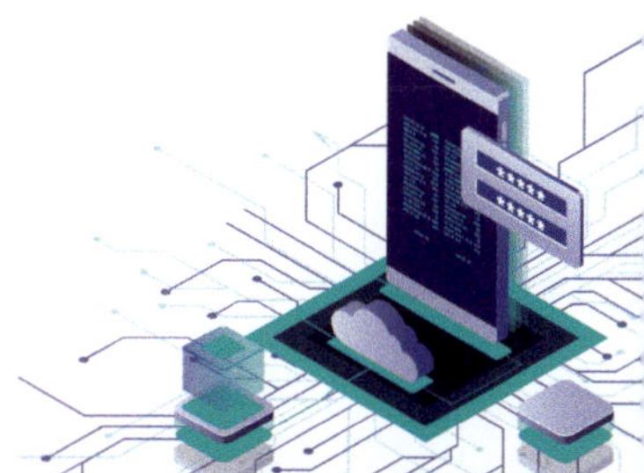

Si hacemos un análisis más profundo podemos constatar que cuatro de las seis áreas de la competencia digital docente tienen una vertiente pedagógica y están estrechamente relacionados con las competencias, habilidades y actitudes que cada profesional de la educación aplica en su aula. Este hecho favorece la adquisición de la competencia digital docente ya que todos, mediante la práctica diaria del proceso de enseñanza aprendizaje, hemos desarrollado algunas competencias de esas áreas. Por ello consideramos que cada educador debe hacer una análisis de sus fortalezas y debilidades para así centrar sus esfuerzos en mejorar aquellas áreas que necesitan mejora.

Para desarrollar dichas competencias en el aula nos gustaría, previamente, conocer también una teoría que fundamenta gran parte de las ideas y tips educativos que vamos a presentar más adelante.

3. Taxonomía de Bloom para la competencia digital docente:

La Taxonomía de Bloom Revisada para entornos Digitales (2001) representa el proceso de aprendizaje en sus diferentes niveles y eso, significa que el proceso de aprendizaje se puede iniciar en cualquier punto.

La propuesta de esta teoría es un continuo que parte de Habilidades de Pensamiento de Orden Inferior (LOTS, por su sigla en inglés, Lower Order Thinking Skills.) y va hacia Habilidades de Pensamiento de Orden Superior (HOTS, Higher Order Thinking Skills) por su sigla en inglés). Como se puede apreciar en el siguiente diagrama, y siguiendo las ideas de Bloom, las habilidades parten de un orden inferior para ascender a un orden superior.

Habilidades de orden inferior (LOTS) propias de la Taxonomia de Bloom centrada en el ámbito cognitivo.

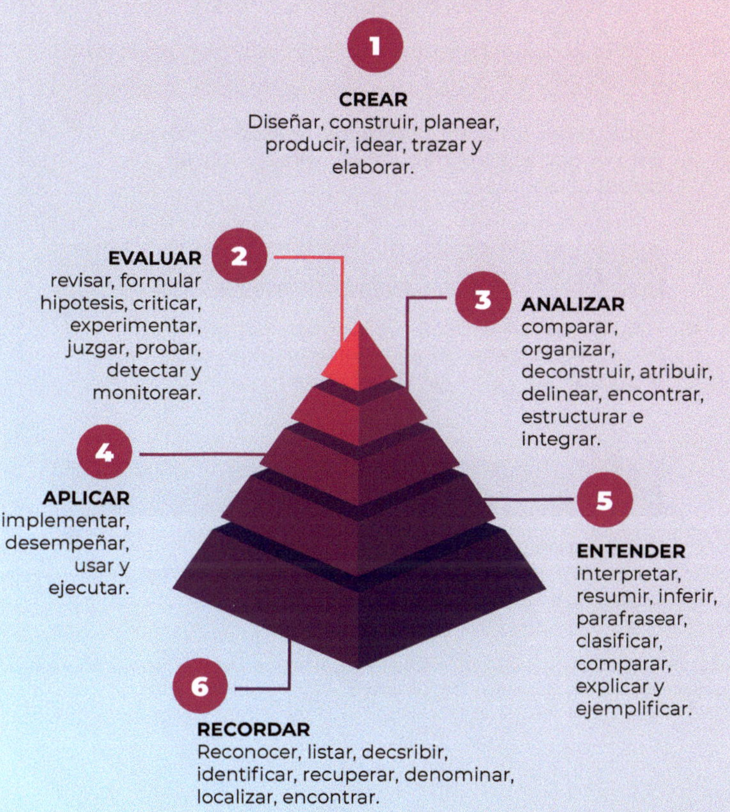

1

CREAR
Diseñar, construir, planear, producir, idear, trazar y elaborar.

2

EVALUAR
revisar, formular hipotesis, criticar, experimentar, juzgar, probar, detectar y monitorear.

3

ANALIZAR
comparar, organizar, deconstruir, atribuir, delinear, encontrar, estructurar e integrar.

4

APLICAR
implementar, desempeñar, usar y ejecutar.

5

ENTENDER
interpretar, resumir, inferir, parafrasear, clasificar, comparar, explicar y ejemplificar.

6

RECORDAR
Reconocer, listar, decsribir, identificar, recuperar, denominar, localizar, encontrar.

Fuente: A Taxonomy for Learning, Teaching and Assessing: a Revision of Bloom's Taxonomy of Educational Objectives, 2011. Elaboración propia

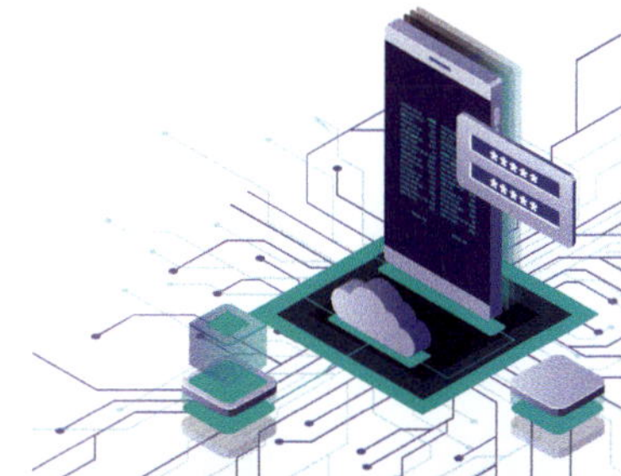

Habilidades de orden superior (HOTS)

En la Taxonomía de Bloom para la era digital, revisada en 2001 por Anderson y Krathwohl, aparecen añadidas otro tipo de habilidades que formarían parte de las Habilidades de orden superior (HOTS)

COMUNICACIÓN

Habilidades en saber comunicarse asertivamente, para negociar, para debatir, comentar, utilizar distintos lenguajes.

CREATIVIDAD

Habilidades para diseñar, bloggear, recopilar información, categorizar, resaltar, espíritu crítico y artístico.

COLABORACIÓN

Habilidades para saber trabajar en equipo, compartir, negociar, respetar distintas opiniones, empatía, liderarazgo.

Fuente: A Taxonomy for Learning, Teaching and Assessing: a Revision of Bloom's Taxonomy of Educational Objectives, 2011. Elaboración propia

Varios autores han aportado herramientas digitales para desarrollar distintos niveles de la Taxonomía de Bloom revisada para entornos digitales y aquí tenemos algunos ejemplos:

Ipad apps to support blom's revised taxonomy assembled by kathy schrock

Android apps to support blom's revised taxonomy assembled by kathy schrock

Teniendo en cuenta todas esas teorías, instrucciones europeas, legislación y publicaciones nos gustaría aportar ideas prácticas para aplicar en el aula.

TIPS EDUCATIVOS PARA TU AULA

Para presentar los tips para el aula vamos a sugerir píldoras educativas teniendo en cuenta las áreas y competencias establecidas por el presente Marco de Referencia de la Competencia digital docente, así como la realidad educativa de muchos docentes y centros escolares.

El desarrollo del siguiente apartado tendrá como punto de partida el conocimiento de cada una de las áreas y, posteriormente, proporcionaremos tareas, actividades educativas y situaciones de aprendizajes sencillas y muy útiles para desarrollar todas las competencias digitales, tanto de los docentes como del alumnado.

Pero antes de adentrarnos en cada área consideramos necesario una breve presentación de las herramientas digitales que se van a utilizar para desarrollar cada una de las competencias digitales.

1. Herramientas digitales: funcionalidad

En este apartado nos queremos centrar en las diferentes apps, plataformas, webs que permiten al docente y al alumno crear contenido, interactuar y colaborar en la elaboración de actividades desarrollando tanto la competencia digital como la social, lingüística, matemática, etc.

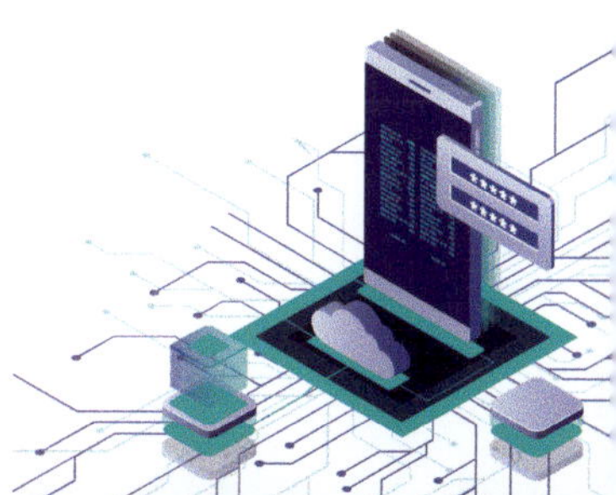

HERRAMIENTAS DE GESTIÓN EDUCATIVA DE LOS CENTROS ESCOLARES

(Generales y de diferentes Comunidades Autónomas)

Additio

Plataforma integral de gestión escolar, planificación docente, evaluación formativa y comunicación con las familias.

Plataforma que ofrece un sistema para la gestión eficaz de toda la actividad de los centros docentes: asistencia, convivencia, trabajo diario, calificaciones, tutorías, horarios.

Sistema integral en la nube, de gestión y de aprendizaje que comprende el área académica (boletín de notas, calificaciones), administrativa (planificación, programación) y la comunicación (familias, Claustro) y que permite crear un Aula virtual y el Cuaderno digital del profesor integrado con Google Classroom y Moodle.

Plataforma para la Gestión del Sistema Educativo Andaluz, desde la que se pueden solicitar programas de Innovación Educativa, además de realizar horarios, calificaciones...

	Plataforma Integral Educativa de la Junta de Extremadura que facilita la gestión académica (los planes de estudio, matrícula del alumnado, distribución de currículums, evaluación, emisión de informes y certificados oficiales) y administrativa de los centros educativos, tanto desde los propios centros como desde la Consejería.
	Plataforma creada por la Conselleria de Educación para llevar a cabo toda la gestión administrativa y académica del sistema educativo valenciano.
	Plataforma de gestión administrativa y académica de los centros educativos de Castilla-La Mancha.
	Sistema integrado para la gestión de las enseñanzas escolares en Castilla y León.
	Sistema de gestión educativa de la Comunidad de Madrid que permite la comunicación con las familias, organización escolar de las clases, cuaderno del docente, seguimiento del alumnado, etc.
	Plataforma del Gobierno Vasco que conecta familias y alumnado con el centro no universitario.
	Plataforma de la Comunidad de Castilla y la Mancha que aporta herramientas de gestión educativa tanto al profesorado, como a las familias y al alumnado.

HERRAMIENTAS DIGITALES PARA EL TRABAJO COLABORATIVO EN LA NUBE

	Plataforma de Google que permite compartir, modificar, crear documentos y trabajar de forma colaborativa.
	Plataforma unificada de comunicación y colaboración que combina los foros, videoconferencias, almacenamiento de archivos e integración de aplicaciones para crear contenido educativo.
	Pizarra interactiva online, gratuita que permite al alumnado y a los docentes compartir ideas, tareas, trabajos colaborativos. Nos permite a su vez, almacenar contenido de manera que lo tengamos accesible en cualquier momento.
	Plataforma web que permite la organización de grupos de trabajo, gestionar tareas y planificar actividades.
	Plataforma web y app que permite gestionar, organizar y compartir tus recursos educativos. Te permite organizar y categorizar dentro del navegador tus enlaces web frecuentes y recursos en general, creando botones-iconos de fácil acceso.
	Plataforma que permite gestionar proyectos de trabajo: crear reuniones virtuales, realizar mapas mentales, compartir todo tipo de recursos, etc.

	Plataforma que permite crear documentos que incluyen textos, imágenes, archivos, grabaciones de voz, etc. y que nos facilita la organización de tareas en grupos de trabajo.
	Plataforma educativa que permite a los docentes de la Comunidad de Madrid, compartir y guardar todo tipo de documentos y trabajar de forma colaborativa.
	Plataforma que permite a los participantes realizar una lluvia de ideas sobre los proyectos a desarrollar, a compartir ideas, añadir notas, imágenes o archivos multimedia de audio y vídeo.
	Esta plataforma nos permite enviar de forma gratuita ficheros y documentos grandes que no pueden ser enviados mediante otros medios por su gran peso.

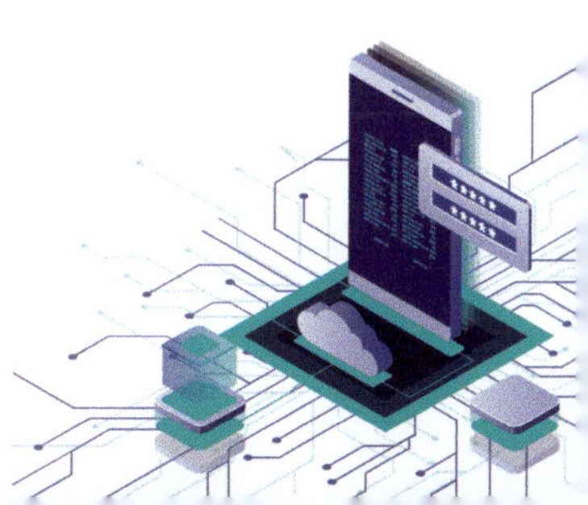

HERRAMIENTAS PARA CREAR BLOGS, AULAS VIRTUALES, WEBS

	Herramienta que permite crear blogs, publicar noticias y contenido, sin necesidad de tener conocimientos de programación y diseño web.
	WordPress es un software de código abierto que puedes usar para crear fantásticas webs, blogs o aplicaciones.
	Creador de sitios web avanzado que no requiere conocimientos técnicos y que facilita la creación de páginas web ofreciendo una gran variedad de plantillas y diseños, listos para aplicar.
	Plataforma que permite crear páginas web gratis mediante el sistema *'drag and drop'* (arrastrar y soltar) utilizando múltiples plantillas, módulos personalizados y ajustes de estilo.
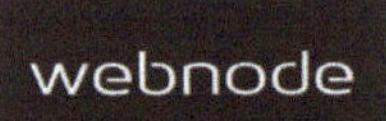	Plataforma que facilita la creación de páginas webs, sin conocimientos técnicos y ofrece la posibilidad de incorporar sistemas de tienda online, foros y mucho más contenido.
	Plataforma para crear webs de la forma más sencilla posible ya que ofrece cientos de plantillas y es muy intuitiva para manejar.

	Plataforma estructurada y una herramienta de creación de páginas web, de fácil manejo y con grandes posibilidades para publicar contenido educativo.

HERRAMIENTAS PARA CREAR CONTENIDO INTERACTIVO EDUCATIVO

	Plataforma que permite crear contenidos interactivos o modificar contenidos ya existentes, de forma muy fácil: presentaciones, infografías, gamificaciones y más.
storyjumper	Herramienta para desarrollar la escritura y la creatividad que permite a cualquiera crear y publicar libros, utilizando recursos variados de su web (personajes, escenarios...) o fotos propias fáciles de maquetar de un modo intuitivo.
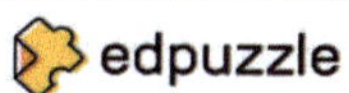	Herramienta que permite crear vídeos o modificar los ya existentes, introduciendo preguntas de comprensión, añadir comentarios dentro del mismo vídeo, etc.

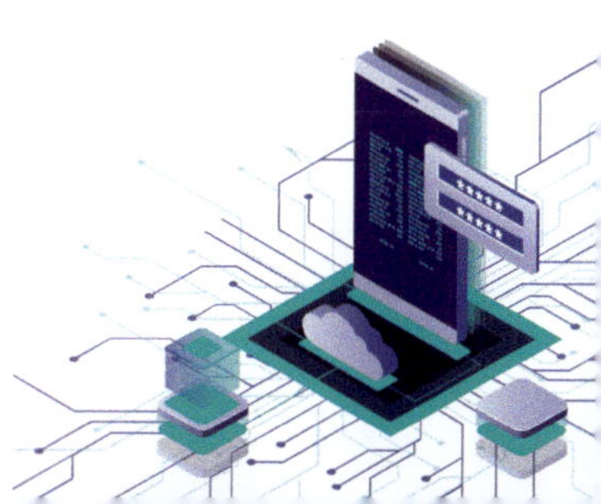

Canva	Herramienta para crear publicaciones para redes sociales, presentaciones, posters, vídeos de forma creativa y fácil. Los docentes tenemos una subscripción "premium" sin pagar solo demostrando que eres docente mediante un mail, con acceso así a muchos más recursos.
	Herramienta digital que permite crear y editar actividades interactivas, juegos para el aula de forma sencilla. Con sólo introducir la información el propio programa crea varias actividades interactivas.
	Herramienta que permite crear mapas conceptuales, trabajar en grupo y organizar las ideas de un tema o proyecto.
	Herramienta de diseño gráfico que sirve para la creación de infografías y carteles, aunque permite crear presentaciones y otros elementos gráficos.
	Plataforma web que permite a los docentes crear diferentes tipos de actividades educativas multimedia, mediante diferentes escenarios o actividades tales como crucigramas, sopa de letras, adivinanzas, dictados, etc.

easelly	Plataforma para diseñar infografías estáticas a partir de plantillas o desde cero. Permite incluir iconos y fotos de un repositorio de la propia herramienta o bien archivos propios.
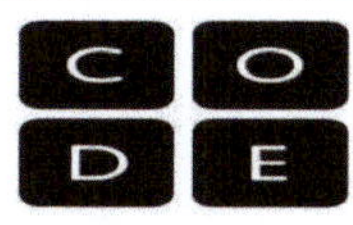	Plataforma que da acceso al lenguaje informático y computacional de los alumnos de forma gratuita y segura.
	Web que permite crear nubes de palabras en divertidos formatos y con presentaciones muy originales.
	Pizarra online se pueden crear líneas de tiempo desde diversas plantillas y muy fácil de utilizar por parte del alumnado. Requiere registrarse.
Lucidchart	Plataforma que permite crear línea de tiempo desde las plantillas y que también sirve para crear mapas mentales, diagramas de flujo y diagramas de Gantt.
	Plataforma web que permite crear líneas de tiempo en 3d con plantillas muy originales y fáciles de utilizar.
Office Timeline	Extensión de Microsoft Office que permite crear líneas de tiempo en PowerPoint, añadiendo una serie de plantillas que podemos modificar y exportar la línea de tiempo a otros formatos, como JPG o PDF, para compartirla con los alumnos.

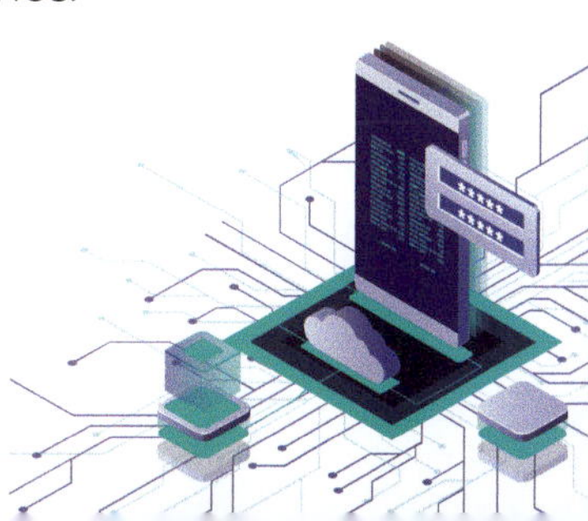

Plataforma que permite crear cuentos mediante arrastre de fantásticas ilustraciones. Muy fácil de utilizar con los alumnos para crear cuentos muy originales.

HERRAMIENTAS DE CÓDIGO ABIERTO, GRATUITAS PARA CREAR CONTENIDO

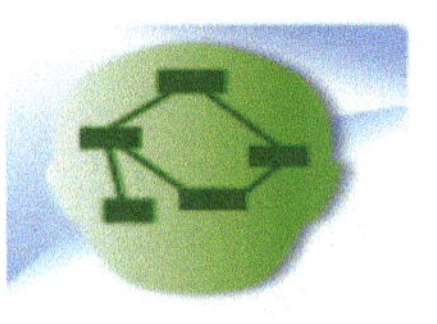

CmapTools es un generador de mapas conceptuales (mentales, de ideas, esquemas, diagramas, ...) que permite la combinación de texto con imágenes o vídeos y flechas para organizar conceptos e ideas de una forma sencilla y práctica y en un formato accesible.

Exelearning, una herramienta de código abierto, gratuita que permite la creación de contenidos educativos interactivos, juegos como pasapalabra, trivial, etc.

OpenSCAD, es ideal para diseñar objetos los cuales se basan en formas geométricas básicas como cilindros, esferas, cubos, pirámides en 3D.

	Scratch es una herramienta gratuita, que permite el aprendizaje de la programación sin tener conocimientos profundos sobre el código del lenguaje computacional.
	Blender es un programa informático multiplataforma de código abierto, dedicado especialmente al modelado, iluminación, animación y creación de gráficos tridimensionales.
	H5P es un entorno de trabajo que permite la creación de actividades interactivas en diversas plataformas como Moodle, WordPress, etc.
	GIMP es un programa que permite realizar todo tipo de tareas relacionadas con el tratamiento de la imagen: retoque fotográfico, composición de imágenes y creación de imágenes.
	Inkscape es un editor de gráficos que puede crear y editar diagramas, líneas, gráficos, logotipos, e ilustraciones complejas.
	Audacity es una aplicación gratuita que permite la grabación, edición de audio y creación de podcasts.

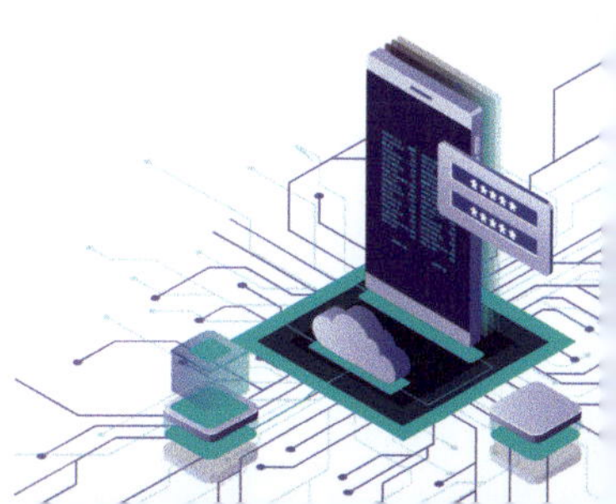

Llbreoffice es un paquete de software de código abierto que cuenta con un procesador de texto (Writer), un editor de hojas de cálculo (Calc), un gestor de presentaciones (Impress), un gestor de bases de datos (Base), un editor de gráficos vectoriales (Draw) y un editor de fórmulas matemáticas (Math).

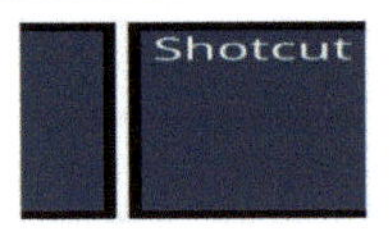

Shotcut es un editor de vídeo de código abierto que permite hacer capturas de pantalla y streaming editar archivos así como de audio y video.

GeoGebra es un software libre que ofrece herramientas para creación de contenido interactivo del área de matemáticas y las áreas STEM.

OBS Studio es un programa que permite grabar la pantalla, el sonido de nuestro ordenador, de la cámara de la webcam y de cualquier dispositivo. Permite emitir en streaming, tanto en YouTube así como en Discord.

Scribus es un programa de escritorio multiplataforma para crear revistas, folletos, trípticos, carteles, libros y de maquetación de páginas para el diseño de publicaciones.

Pixabay es una plataforma en línea que ofrece medios audiovisuales (vídeos, imágenes, etc.) sin copyright.

Visme es una plataforma que nos permite crear contenidos atractivos (presentaciones, storyboard, infografías, gráficos) utilizando plantillas muy atractivas.

Freepik es una web que permite descargar imágenes, vectores sin copyright y que, además ofrece, efectos de texto, plantillas originales para las redes sociales y una infinidad de recursos gratuitos y libres de derechos.

HERRAMIENTAS DIGITALES PARA CREAR CONTENIDO DE REALIDAD AUMENTADA Y REALIDAD VIRTUAL

Plataforma que permite crear diseños, imágenes en 3d e introducir al alumnado al lenguaje computacional sencillo.

Web que nos ofrece un kit de aplicaciones diseñadas para introducir al alumnado conceptos científicos y STEM utilizando la realidad virtual.

Herramienta digital que no requiere conocimientos previos del docente para aplicar la realidad virtual en el aula y permite la creación de vídeos, sonidos e imágenes en 3d.

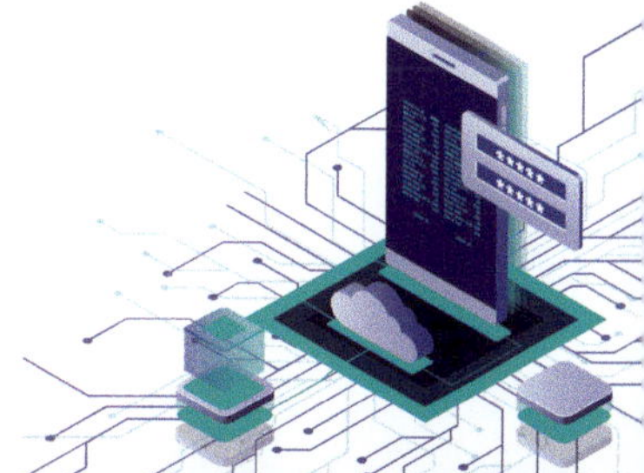

	Aplicación asombrosa para descubrir el cuerpo humano a través de la Realidad Aumentada. Nos proponen una forma diferente de aprender y enseñar la anatomía.
	Plataforma online que ofrece una gran cantidad de recursos de realidad aumentada y que permite la creación de contenidos educativos muy originales.
	Una de las plataformas de creación de contenido con realidad aumentada, virtual y mixta más exitosas. A través de ZapWorks, te permite crear tus propios contenidos de una forma muy sencilla e intuitiva
	Aplicación para trabajar la realidad aumentada y que permite al alumnado visionar imágenes creados por ellos mismos en 3d.

HERRAMIENTAS PARA LA EVALUACIÓN

	Herramienta gratuita que permite crear cuestionarios, evaluaciones y actividades interactivas muy divertidas.
	Página web que nos permite crear cuestionarios muy creativos para el alumnado.

Mentimeter

Herramienta web online que nos sirve para hacer preguntas, encuestas y juegos a una audiencia en tiempo real.

socrative

Herramienta que permite realizar evaluaciones en entornos digitales y ofrece al docente la posibilidad de conocer los resultados al instante.

Servicio web, integrado en Moodle, apuesta por los procesos de evaluación activos a través de la elaboración de rúbricas y diferentes instrumentos de evaluación como escalas de valoraciones.

Herramienta online que permite crear, aplicar y descargar sus rúbricas fácilmente. Cuenta con un amplio banco de rúbricas gratuitas, pero también dispone de la opción de crear modelos a partir de emojis y guardar todo el historial de preguntas y respuestas.

Herramienta online que permite la creación de rúbricas para la evaluación y utilización de los bancos de recursos ya existentes.

Plataforma digital para crear, aplicar, corregir y gestionar exámenes en soporte electrónico, de forma eficiente y segura dentro de la Comunidad de Madrid.

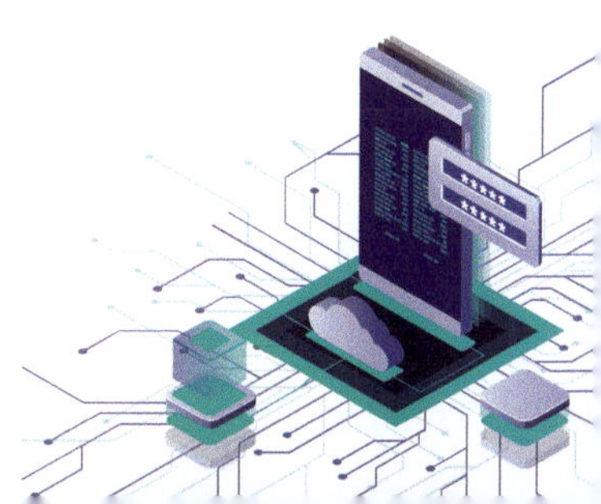

HERRAMIENTAS DIGITALES PARA EDUCACIÓN INFANTIL

Se trata de una plataforma online que permite la creación de juegos interactivos de diferentes temáticas. Dispone de un gran banco de recursos, listados para utilizar.

Plataforma online que permite al docente acceder a una gran variedad de recursos para la lectoescritura.

Plataforma con grandes recursos para desarrollar las competencias digitales del alumnado de infantil, con gran variedad de juegos interactivos.

Plataforma que ofrece una gran diversidad de recursos para trabajar la memoria, ampliar vocabulario, mejorar la atención y la concentración, etc.

Herramientas de Google que permiten a los alumnos crear sus propios trabajos desarrollando sus competencias digitales, la creatividad y la autonomía.

PLOPP

Programa de libre Configuación que pertenece a MAX para dibujar y pintar con el que podemos crear escenas de dibujos en 3D. Se dibuja como de costumbre en 2D (dos dimensiones) y Plopp las transforma en 3D. Las figuras se pueden mover, girar y posicionar en un mundo real de 3D.

Herramienta que permite trabajar contenidos de matemáticas y de diverso tipo, sobre todo mediante asociaciones, rompecabezas, números.

Herramienta que permite introducir el lenguaje computacional al alumnado de infantil de forma muy fácil y creativa.

Un pequeño robot que trae 40 cartas de programación donde encontrarás diferentes movimientos y que harán las clases más divertidas al permitir al alumno dar instrucciones, seguir direcciones, etc.

Plataforma de aprendizaje inmersivo. Contiene una amplia variedad de actividades para niños y niñas desde la etapa de infantil hasta 6.° de primaria.

HERRAMIENTAS PARA LA INCLUSIÓN Y ACCESIBILIDAD

Aplicación, útil para aquellos alumnos con pérdida de audición y que permite reconocer sonidos y traducirlos en alertas visuales en cualquier dispositivo conectado.

App que permite el aprendizaje de la lengua de signos y que permite acceder de forma rápida y fácil a más de mil definiciones. Muestra la correspondencia entre las palabras y los signos más habituales de la vida cotidiana.

Aplicación que permite utilizar el dispositivo con un servicio combinado de voz y sistema Braille.

Buscador creado específicamente para el uso de niños, en el cual pueden encontrar cualquier tipo de información, que se sujeta a filtros de contenidos engañosos o explícitos.

Aplicación enfocada a la educación emocional y para trabajar el control de las emociones: tristeza, alegría, enojo, ira, de forma sencilla.

OpenDyslexic

Plataforma online, gratuita diseñada para ayudar a las personas con dislexia a leer el contenido de internet.

Software que permite transformar cualquier texto en pictogramas.

Aplicación gratuita para potenciar la atención visual y entrenar la adquisición del significado en personas con TEA y bajo nivel de funcionamiento.

El Lector Inmersivo, es una herramienta de Microsoft Word que podemos activar para escuchar cualquier texto escrito, transformar un texto escrito en audio, lectura en voz alta, etc.

Plataforma de juegos y cuentos infantiles en cinco idiomas, para niños de 3 a 12 años. que permite que el alumnado entrene sus inteligencias múltiples y capacidades cognitivas.
Permite crear paisajes de aprendizajes muy útiles para las aulas con diversidad competencial.

Live Transcribe, es una aplicación gratuita de google que convierte en texto todo lo que escucha.

Son asistentes virtuales que permiten al alumnado con dificultades visuales, de escritura o de movilidad acceder a contenido en la red.

Aplicación y plataforma online que ofrece juegos para tabletas y smartphones para superar las dificultades de lectoescritura.

Plataforma y app que pretende mejorar las funciones cognitivas (la atención, el razonamiento perceptivo, la inhibición, el cálculo y la fluidez verbal) del alumnado afectado por el trastorno de déficit de atención e hiperactividad (TDAH).

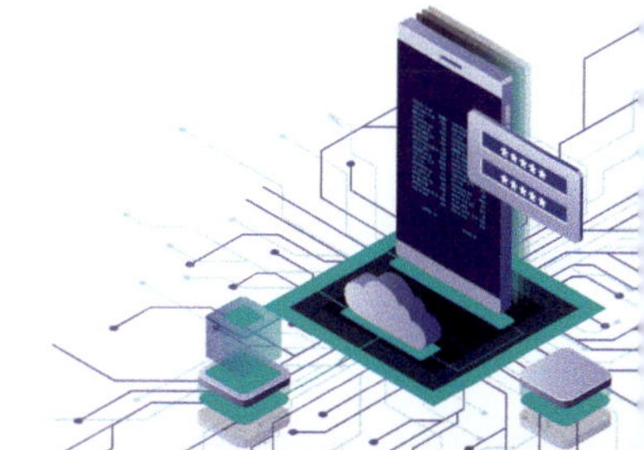

App que ofrece juegos que incluyen el oído, la vista, características táctiles y la pronunciación a través de la boca. Muy apto para la introducción a la lectoescritura en infantil y el trabajo de la dislexia.

ARASAAC

Programa gratuito que funciona como una cámara web y que sirve para sustituir el ratón convencional controlarlo con los movimientos de la cabeza muy útil para las personas con discapacidad.

Plataforma que ofrece 10 aplicaciones gratuitas y personalizables para el alumnado con autismo y/o discapacidad intelectual para mejorar su comunicación y la planificación de sus tareas.

Plataforma que ofrece una gran variedad de contenido, herramientas digitales para creación de contenido inclusivo y todo tipo de recursos para la comunicación aumentativa y alternativa.

Recordad que todas estas herramientas han de ser usadas siempre teniendo en cuenta la protección de datos de nuestro alumnado siguiendo la normativa de cada Comunidad Autónoma, teniendo en cuenta aquellas aplicaciones que almacenen datos en la nube con sistemas ajenos a las plataformas educativas.

Una vez descritas brevemente distintas herramientas digitales que podemos utilizar en el aula nos adentramos en el mundo de las competencias digitales docentes y el uso de esas herramientas con tal fin.

El nivel de dificultad suele ir de la mano de los niveles establecidos en el Marco de Referencia de la Competencia digital docente de la siguiente manera:

- **MÍNIMA** = **NIVEL A1**
- **FÁCIL** = **NIVEL A2**
- **NORMAL** = **NIVEL B1**
- **MODERADA** = **NIVEL B2**
- **ALTA** = **NIVEL C1 Y C2**

2. Áreas, competencias y herramientas digitales

Para tratar este apartado consideramos necesario presentar brevemente cada área y sus competencias y nuestros tips sobre las herramientas digitales y las actividades o tareas que se pueden desarrollar en el aula y en el centro educativo.

Es fundamental que la toma de decisiones sobre las herramientas digitales a utilizar por el Claustro sean aprobadas en el Claustro y que estén incluida en el Programa General Anual del centro.

ÁREA 1: COMPROMISO PROFESIONAL

El compromiso profesional de los docentes se expresa en términos del bienestar del alumnado, desarrollo integral tanto a nivel intelectual como a nivel físico y psicológico, la participación en el centro, la colaboración con las familias y la acción responsable en el entorno. Por lo tanto, la competencia digital docente sería la combinación equilibrada de la capacidad para utilizar las tecnologías digitales para mejorar la enseñanza y el aprendizaje y el adecuado desempeño de todas las tareas relacionadas con el ejercicio profesional.

Esta área se sustenta el artículo 91 de la LOE que dispone las funciones del profesorado y el artículo 111 bis y en la disposición adicional vigesimotercera de la LOE, así como lo estipulado en el artículo 83 de la Ley Orgánica 3/2018, de 5 de diciembre, de Protección de Datos Personales y garantía de los derechos digitales.

Las competencias relacionadas con estas áreas se pueden distinguir perfectamente en la siguiente infografía.

ÁREA 1. COMPROMISO PROFESIONAL

1 Comunicación organizativa

2 Participación, colaboración y coordinación profesional

3 Práctica reflexiva

4 Desarrollo profesional digital continuo

5 Protección de datos personales, privacidad, seguridad y bienestar digital

Fuente: Marco de Referencia de la Competencia Digital Docente.<<BOE>> núm. 116, de 16 de mayo de 2022. Elaboración propia.

Pero si nos preguntamos cómo podemos desarrollar todas estas competencias y qué herramientas digitales podemos utilizar, en la siguiente tabla os presentamos algunos ejemplos.

1. COMPROMISO PROFESIONAL

COMPETENCIA 1.1 COMUNICACIÓN ORGANIZATIVA

HERRAMIENTAS

Raíces / Oduca / Gencat / Aulas virtuales / Blogs / Classrooms / Foros / Webmix / Jitsi / Meet / Teams

NIVEL TAREAS / ACTIVIDADES EDUCATIVAS / SITUACIONES DE APRENDIZAJE

- Comunicación con las familias (enviar boletín de notas, notificaciones, ausencias).
- Notificaciones de reuniones del Claustro.
- Comunicación y participación en el Consejo Escolar, CCP; etc., a través de las agendas digitales que se usen en el centro.
- Utilizar el sistema de videoconferencia con el alumnado y la comunidad educativa (crear videoconferencias, webinars, etc.).
- Elaborar contenidos en el blog, web del centro, aula virtual, redes sociales, etc. para comunicación con la comunidad educativa.
- Crear foros de debate en el aula virtual, e-learning.
- Crear tutoriales y manuales para establecer una reunión en meet, jitsi, etc., usar la agenda virtual común del claustro, etc.
- Aportar ideas para la mejora de la comunicación organizativa en los centros educativos y establecer a nivel general y en la PGA las herramientas de uso colaborativo y comunicación del Claustro.
- Asesorar a otros centros en el diseño de los planes de comunicación mediante el uso de tecnologías digitales (crear planes de comunicación con entidades de la comunidad educativa: instituciones, ayuntamiento, CTIF, etc.)
- Compartir con otros docentes y equipos directivos, acciones específicas relacionadas con los planes del centro (plan de convivencia, plan tutorial, plan de comunicación interna y externa, etc.).

COMPETENCIA 1.2 PARTICIPACIÓN, COLABORACIÓN Y COORDINACIÓN PROFESIONAL

HERRAMIENTAS[1]

Cloud / Drive / Onedrive / Jitsi / Meet / Teams / Aula virtual / Padlet / Dropbox / Slack / Trello / Additio / We transfer / Correo / Comparti2

NIVEL TAREAS / ACTIVIDADES EDUCATIVAS / SITUACIONES DE APRENDIZAJE

- Utilizar herramientas de trabajo colaborativo en la nube para la realización de trabajos grupales (programaciones, CCP, proyectos interdisciplinares, Semana Cultural, crear un tablero Padlet por áreas o temáticas en la que cada docente pueda acceder y colgar ideas, links, trabajos, fotos...).
- Crear videoconferencias para reuniones internas (Claustros, CCP, Ciclo, Internivel, etc.).
- Emplear las herramientas digitales del centro para las labores de tutoría, las conclusiones de las juntas de evaluación y elaborar los informes del alumnado.
- Crear rúbricas y evaluaciones compartidas con compañeros (google forms, E-valum, Rubrics).
- Utilizar las plataformas del centro, creando carpetas o documentos compartidos (Semana Cultural, taller de robótica, día del libro, etc.) para coordinarse con otros docentes en la elaboración de proyectos y actividades interdisciplinares.
- Planificar proyectos y flujos de trabajo en equipo. Hacer una "check list" compartida con las fases del proyecto desde el inicio hasta la consecución de los objetivos. (Trello).
- Participar en proyectos europeos como Etwinning, Erasmus+ utilizando las plataformas establecidas para ello.
- Coordinar el proceso de evaluación del plan digital de centro empleando tecnologías digitales de colaboración y participación.
- Diseñar proyectos de innovación docente con otros centros utilizando herramientas digitales de colaboración e investigar sobre el liderazgo compartido en los centros (ser ponentes en planes de formación de otros centros, realizar investigación sobre modelos de coordinación).

COMPETENCIA 1.3 PRÁCTICA REFLEXIVA

HERRAMIENTAS

Trello / Symbaloo / Formularios de Google / Google sheet / Excel / Limesurvey

NIVEL	TAREAS / ACTIVIDADES EDUCATIVAS / SITUACIONES DE APRENDIZAJE
	• Crear una lista de control con mis diferentes prácticas docentes digitales (plataformas y aplicaciones utilizadas y los resultados de su aplicación en el aula) para comprobar su eficacia en mi metodología. (Trello).
	• Crear una lista de enlaces y búsquedas para observar mi desempeño docente con tecnologías digitales. (Symbaloo).
	• Crear un formulario de evaluación de la práctica pedagógica digital para realizar propuestas de mejora. (Google forms, Limesurvey).
	• Elaborar informes sobre las repercusiones que tiene la autoevaluación docente en la mejora del proceso de enseñanza aprendizaje.
	• Investigar sobre métodos de autoevaluación eficaces y crear informes que promuevan una mejoraría en la práctica docente.

[1] Ver pág. 34 "Herramientas de gestión educativa" y pág. 36 "Herramientas digitales para el trabajo colaborativo"

COMPETENCIA 1.4 DESARROLLO PROFESIONAL DIGITAL CONTINUO

HERRAMIENTAS

MOOC / Redes Sociales / Repositorios Padlet, mediateca, aulas virtuales...) / Symbaloo / Webniars / NOOC

NIVEL	TAREAS / ACTIVIDADES EDUCATIVAS / SITUACIONES DE APRENDIZAJE
	• Participar en actividades de formación dirigidas al desarrollo profesional digital.
	• Crear un EPA (espacio personal de aprendizaje) mediante la selección de docentes, entidades e instituciones y documentos oficiales (BOE) que publiquen contenido educativo en redes sociales que fomenten el aprendizaje continuo.
	• Participar en congresos, ponencias, conferencias que fomenten el desarrollo profesional docente.
	• Diseñar cursos que permitan a otros docentes o instituciones educativas formarse en competencias digitales y metodológicas..
	• Publicar artículos relacionados con la formación docente en plataformas acreditadas que concedan un IBSN.

COMPETENCIA 1.5 PROTECCIÓN DE DATOS PERSONALES, PRIVACIDAD, SEGURIDAD Y BIENESTAR DIGITAL

HERRAMIENTAS [Instituto Nacional de Ciberseguridad INCIBE]

Apps y Plataformas en general. Ley Orgánica 3/2018, de 5 de diciembre, de Protección de Datos Personales y garantía de los derechos digitales.

NIVEL	TAREAS / ACTIVIDADES EDUCATIVAS / SITUACIONES DE APRENDIZAJE
	• Comprobar los permisos solicitados por la app y/o plataforma y comprobar si se puede usar con menores.
	• Configurar la privacidad de las plataformas educativas que utilizó acorde a la ley de protección de datos.
	• Crear y publicar en la web del centro, infografías y vídeos explicados sobre protección de datos, seguridad en la red, derechos de autor y licencias para toda la comunidad educativa.
	• Utiliza el cifrado de documentos de texto que contengan datos personales.
	• Coordinar y analizar la utilidad y la eficacia de las medidas recogidas en el plan digital del centro y en el Plan de Convivencia sobre seguridad y bienestar digital.
	• Proponer la utilización de pseudónimos de los alumnos en determinadas aplicaciones para proteger la privacidad de los mismos.

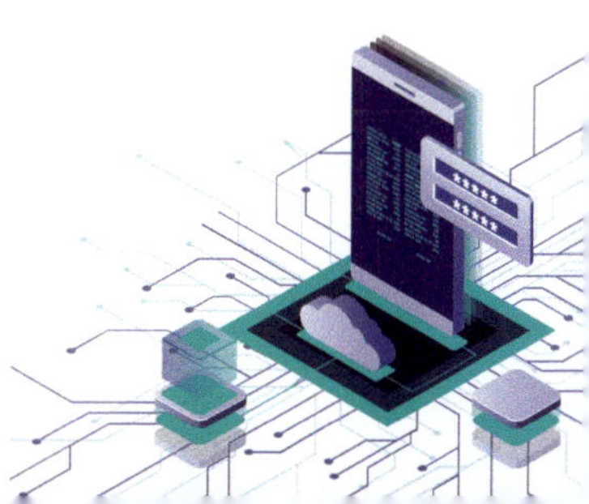

ÁREA 2: CONTENIDOS DIGITALES

La presente área impulsa la modificación y adaptación de los contenidos educativos digitales, teniendo en cuenta la protección de datos y los derechos de autor (obras derivadas y limitaciones recogidas en los derechos de propiedad intelectual) establecidas por cada licencia. Implica crear o modificar nuevos contenidos educativos digitales de forma individual o en colaboración con otros profesionales tomando en consideración el objetivo de aprendizaje, el contexto, el enfoque pedagógico y los destinatarios. También implica seleccionar las herramientas digitales de autor más apropiadas para la creación y modificación de contenidos, teniendo en cuenta las características técnicas y de accesibilidad y los términos de uso y la política de privacidad.

ÁREA 2. CONTENIDOS DIGITALES

Fuente: Marco de Referencia de la Competencia Digital Docente.<<BOE>> núm. 116, de 16 de mayo de 2022. Elaboración propia.

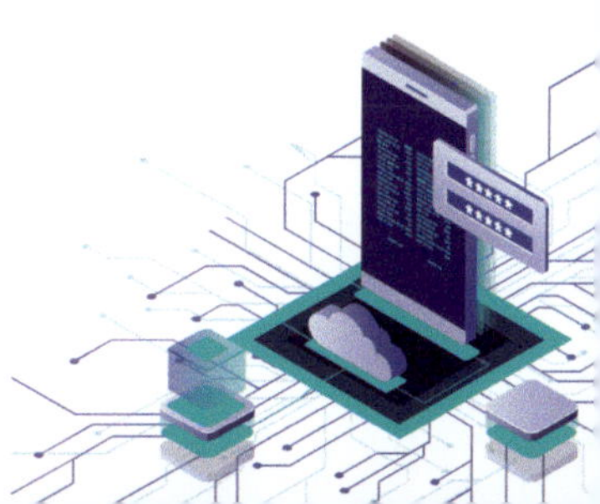

2. CONTENIDOS DIGITALES

COMPETENCIA 2.1 BÚSQUEDA Y SELECCIÓN DE CONTENIDOS DIGITALES

HERRAMIENTAS[3]

Symbaloo / Padlet / Cloud/Drive / Kiddle / Mediateca / CEDECINTEF / Youtube / Edpuzzle / webs fiables que acaben su url en org, gov, edu

NIVEL TAREAS / ACTIVIDADES EDUCATIVAS / SITUACIONES DE APRENDIZAJE

- Conocer el funcionamiento y utilizar los repositorios de contenidos institucionales (CEDECINTEF, ProComún, etc.).
- Organizar eel contenido en carpetas dentro de la barra de marcadores del ordenador o usando aplicaciones para poder usarlas en el día a día. (Symbaloo)
- Seleccionar bancos de contenidos ya existentes (CEDECINTEF, liveworksheet, symbaloo) que sean los más apropiados para nuestra aula.
- Seleccionar y organizar contenidos digitales en carpetas para poder acceder a ellos rápidamente. Crear bancos de recurso específicos (por ejemplo, contenidos de refuerzo educativo por áreas curriculares o recursos digitales para creación de presentaciones, etc.) dentro del aula virtual o del classroom o Team.
- Evaluar y establecer las estrategias de búsqueda y selección de contenidos digitales (por ejemplo, indicar una frase exacta utilizando comillas, buscar en un sitio específico, buscar solamente archivos PDF)-
- Organizar para un mismo contenido, diferentes tipos de recursos (audios vídeos, artículos, leyes...) (Symbaloo, Trello, Padlet...)
- Elaborar materiales diversos (videotutorial, píldoras educativas, blogs, wikis...) que sirvan de ayuda para la selección de contenidos a los demás docentes.

[3] Ver pág 36 "Herramientas digitales para el trabajo colaborativo".

COMPETENCIA 2.2 CREACIÓN Y MODIFICACIÓN DE CONTENIDOS DIGITALES

HERRAMIENTAS[4]

Exelearning / Audacity / Openshot / Wordwall / Picktochart

NIVEL **TAREAS / ACTIVIDADES EDUCATIVAS / SITUACIONES DE APRENDIZAJE**

- Utilizar herramientas de autor generales para la creación, modificación y edición de contenidos digitales (Powerpoint, WORD, Gimp, shotcut, etc.) y las específicas de las materias que imparte (editor de ecuaciones - Mathtype, editor de texto para diversos alfabetos - Handtalk...)

- Crear y/o modificar contenido digital educativo respetando las licencias de propiedad intelectual (Creative Commons) y que se adapten a las características de mis alumnos. (Exelearnig, Canva, Edpuzzle)

- Crear, de forma individual o en colaboración con otros docentes, nuevos contenidos educativos y situaciones de aprendizajes integrando varias herramientas digitales. (Genially, Canva, quizziz)

- Coordinar las actuaciones del centro o de alguno de los órganos de coordinación docente del centro relacionadas con la creación de contenidos educativos digitales a nivel vertical.

- Liderar equipos de docentes, comunidades de aprendizajes que trabajan en el diseño y creación de nuevos formatos, modelos y contenidos educativos digitales.

[4] Ver pág. 38 "Herramientas para crear webs, webs..." y pág 39 "Herramientas para crear contendido interactivo educativo".

COMPETENCIA 2.3 PROTECCIÓN, GESTIÓN Y COMPARTICIÓN DE CONTENIDOS DIGITALES

HERRAMIENTAS

Ley Orgánica 3/2018, de 5 de diciembre, de Protección de Datos Personales y garantía de los derechos digitales.
Instituto Nacional de Ciberseguridad INCIBE

NIVEL	TAREAS / ACTIVIDADES EDUCATIVAS / SITUACIONES DE APRENDIZAJE
1	• Cerrar siempre las cuentas y registros personales en todos los dispositivos usados por varias personas de mi centro.
2	• Conocer y aplicar la normativa sobre propiedad intelectual y derechos de autor (reproducción, distribución y comunicación pública), así como los distintos tipos de licencias.
3	• Utilizar los entornos digitales señalados en el plan digital del centro para compartir los contenidos respetando Las licencias para la compartición, gestión e intercambio de contenidos educativos digitales.
4	• Asesorar a otros docentes en el uso de licencias, catalogación e inclusión de metadatos en los contenidos educativos digitales.
5	• Investigar sobre las licencias de uso, compartición y creación de contenidos digitales educativos y su posterior publicación.

ÁREA 3:ENSEÑANZA Y APRENDIZAJE

El proceso de enseñanza aprendizaje se puede fortalecer y mejorar mediante el uso de herramientas digitales y la competencia digital docente. Se pretende utilizar de forma eficaz las tecnologías digitales en los distintos momentos del proceso de enseñanza aprendizaje.

Esta área comprende las siguientes competencias:

ÁREA 3. ENSEÑANZA APRENDIZAJE

Fuente: Marco de Referencia de la Competencia Digital Docente.<<BOE>> núm. 116, de 16 de mayo de 2022. Elaboración propia.

Para el pleno desarrollo de la competencia digital docente recomendamos las siguientes herramientas digitales y tips para el aula.

3. ENSEÑANZA Y APRENDIZAJE

COMPETENCIA 3.1 ENSEÑANZA

HERRAMIENTAS[5]

Adittion / Raices / Trello

NIVEL	TAREAS / ACTIVIDADES EDUCATIVAS / SITUACIONES DE APRENDIZAJE
1	• Conocer y seleccionar los recursos digitales apropiados para el desarrollo de la programación didáctica.
2	• Aplicar herramientas digitales en las programaciones didácticas resolviendo, con ayuda, aquellos problemas que puedan surgir a la hora de utilizar las tecnologías digitales durante su desarrollo.
3	• Resolver los problemas más comunes que se puedan presentar en su práctica docente al integrar las tecnologías digitales (saber conocer conectar a internet de varias formas, eliminar aplicación abiertas que se quedan en segundo plano, etc.).
4	• Integrar las tecnologías digitales en la programación y práctica educativa involucrando al alumnado en el desarrollo de las actividades (kahoot, wordwall, canva, Powerpoint, etc.).
5	• Coordinar y dinamizar la inclusión de las tecnologías digitales en el proyecto educativo, en el plan digital y en las prácticas del centro a partir de procesos de investigación, análisis y reflexión.

[5] Ver pág. 34 "Herramientas de gestión educativa" y pág. 36 "Herramientas digitales para el trabajo colaborativo".

COMPETENCIA 3.2 ORIENTACIÓN Y APOYO EN EL APRENDIZAJE

HERRAMIENTAS[6]

Kiddle / Dislexic

NIVEL	TAREAS / ACTIVIDADES EDUCATIVAS / SITUACIONES DE APRENDIZAJE
1	• Conocer algunas herramientas y recursos digitales de monitorización que permiten detectar las necesidades de apoyo del alumnado durante el proceso de aprendizaje (quizziz, quilet, kahoot).
2	• Seleccionar las herramientas digitales más adecuadas para ofrecer apoyo y orientación a mi alumnado durante el proceso de aprendizaje, tanto de forma individual como colectiva.
3	• Utilizar las tecnologías digitales del centro (autoevaluaciones, co evaluaciones, rúbricas, registro de acceso, etc.) para obtener retroalimentación inmediata sobre la actividad del alumnado y sobre las dificultades que ha encontrado en el proceso de aprendizaje con el fin de intervenir cuando sea necesario.
4	• Ayudar a otros compañeros a aplicar distintas estrategias y herramientas digitales para una mejor atención a la diversidad e inclusión.
5	• Diseñar nuevos modelos de intervención docente para ofrecer apoyo y orientación al alumnado durante sus aprendizajes empleando tecnologías digitales

[6] Ver pág. 49 "Herramientas para la inclusión y accesibilidad".

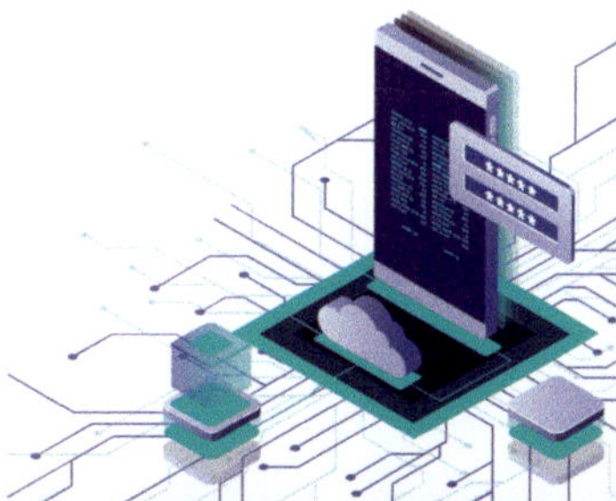

COMPETENCIA 3.3 APRENDIZAJE ENTRE IGUALES

HERRAMIENTAS[7]

Padlet / aulas virtuales / symbaloo / Canva

NIVEL	TAREAS / ACTIVIDADES EDUCATIVAS / SITUACIONES DE APRENDIZAJE
■	• Conocer diversas tecnologías digitales (pizarras interactivas, equipos dentro de videoconferencias, etc.) que me permiten implementar diferentes grupos de trabajo en el aula (organizar grupos en Teams, etc.).
■■	• Configurar, con ayuda, grupos y agrupamientos en el entorno virtual de aprendizaje del centro (aula virtual classrooms) para que mi alumnado desarrolle trabajos colaborativos e incluir foros que les permiten comunicarse de forma asíncrona.
■■■	• Diseñar e implementar, con ayuda de otros docentes, actividades cooperativas o colaborativas que fomenten las situaciones de aprendizaje entre iguales.
■■■■	• Coordinar o realizar aportaciones significativas para el desarrollo de estrategias de aprendizaje entre iguales, de grupos en el centro mediadas por las tecnologías digitales (organizar desdobles según su nivel curricular dotándolos de herramientas digitales específicas)..
■■■■■	• Investigar sobre diferentes estrategias metodológicas (aula de futuro, ABP) para aplicar en el aula para el trabajo cooperativo y colaborativo utilizando las TIC.

[7] Ver pág. 38 "Herramientas para crear web, aulas virtuales, blogs" y pág. 39 "Herramientas para crear contenido interactivo educativo".

COMPETENCIA 3.3 APRENDIZAJE AUTORREGULADO

HERRAMIENTAS[8]

Mindmaps / Gocongr / idactalia / Procomún / EducaLab / Testeando, el trivial educativo

NIVEL TAREAS / ACTIVIDADES EDUCATIVAS / SITUACIONES DE APRENDIZAJE

- Conocer y utilizar las tecnologías digitales para gestionar y organizar el propio aprendizaje (MadRead, aula virtual, classroom).
- Creación de mapas mentales para mejorar el aprendizaje(Popplet, mindmap, Gocongr).
- Ayudar al alumno ofreciéndoles diversas estrategias de aprendizaje autorregulado utilizando las tecnologías digitales del centro (kahoot, quizletwordwall, powerpoint, word, etc.).
- Facilitar a los alumnos aplicaciones digitales para que organicen su propio entorno personal de aprendizaje (EPA), dándoles acceso a los distintos recursos de un modo sencillo y visual (Padlet, syblaoo, etc.).
- Diseñar tutoriales, manuales y documentos para que el profesorado del centro pueda dotar a su alumnado de aplicaciones y plataformas para organizar su propio entorno de aprendizaje.

[8] Ver pág. 39 "Herramientas para crear contenido interactivo educativo" y pág. 46 "Herramientas para la evaluación".

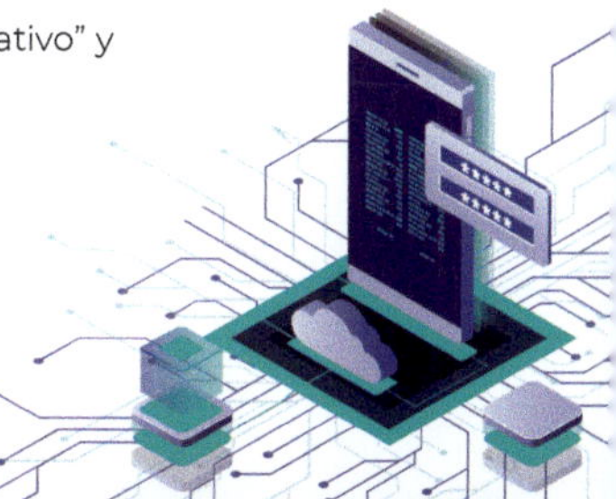

ÁREA 4: EVALUACIÓN Y RETROALIMENTACIÓN

El uso de las tecnologías digitales en el proceso de enseñanza aprendizaje conduce, sin duda. a una reflexión sobre la evaluación en todas sus vertientes (instrumentos, recogida de datos, etc.). La competencia digital docente en esta área implica utilizar las tecnologías digitales para mejorar las estrategias de evaluación, el análisis de datos sobre la evaluación y configurar los procedimientos para ofrecer una retroalimentación y un feedback acorde a la evaluación, respetando siempre la privacidad y seguridad de los datos personales.

Las competencias en esta área, según el MRCDD, son las siguientes:

ÁREA 4. ENSEÑANZA APRENDIZAJE

Fuente: Marco de Referencia de la Competencia Digital Docente.<<BOE>> núm. 116, de 16 de mayo de 2022. Elaboración propia.

Los siguientes tips para el aula y herramientas digitales pueden ser de gran ayuda para los docentes que desean mejorar esta área.

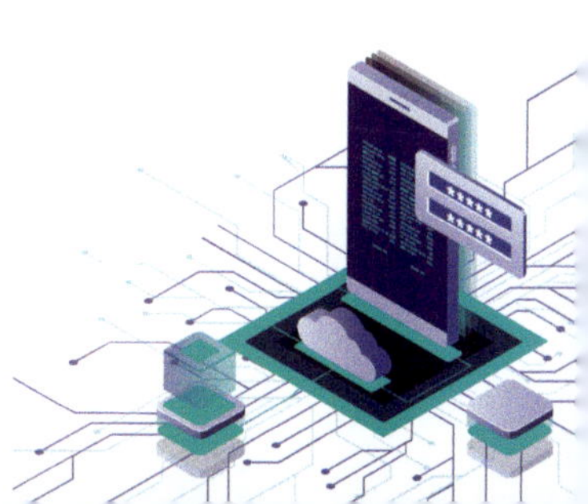

4. EVALUACIÓN Y RETROALIMENTACIÓN

COMPETENCIA 4.1 ESTRATEGIAS DE EVALUACIÓN

HERRAMIENTAS[9]

Evalum / entimeter / Socrative / Kahoot / Exelearning / rubrics

NIVEL	TAREAS / ACTIVIDADES EDUCATIVAS / SITUACIONES DE APRENDIZAJE
■	• Conocer el uso que se puede hacer de las tecnologías digitales para apoyar la evaluación diagnóstica, formativa y sumativa. (Mentimeter Rubric...)
■■	• Diseñar actividades de evaluación en las que el alumnado emplea medios digitales para llevarlas a cabo.(Kahoot, quizziz)
■■■	• Realizar registros diarios en formato digital (escalas de observación, listas de cotejo, diario de clase...) para registrar las evidencias de aprendizaje del alumnado (cuadernos del profesor en Raices, las calificaciones dentro del aula virtual, etc.).
■■■■	• Incorporar en la programación diferentes métodos de evaluación digitales.
■■■■■	• Investigar y diseñar nuevos modelos, técnicas o instrumentos o nuevos desarrollos tecnológicos relacionados con la evaluación del alumno.

COMPETENCIA 4.2 ANALÍTICAS Y EVIDENCIAS DE APRENDIZAJE

HERRAMIENTAS[9]

ESocrative / lickers / Kahoot! / EDPuzzle / Google Forms / Nearpod / Mentimeter / Quiziz / Classflow

NIVEL **TAREAS / ACTIVIDADES EDUCATIVAS / SITUACIONES DE APRENDIZAJE**

- Descargar las calificaciones y registros del aula virtual, classroom etc, en formatos imprimibles (excell, PDF...)
- Conocer y aplicar herramientas digitales para obtener, tratar, visualizar, analizar e interpretar los datos recogidos en la evaluación de los procesos de enseñanza y aprendizaje.(crear estadísticas con los resultados obtenidos en una evaluación)
- Aplicar los protocolos de protección de datos las tecnologías digitales para recabar, almacenar, tratar estadísticamente e interpretar los datos sobre la evaluación de los procesos de enseñanza y aprendizaje.
- Utilizar un sistema de alerta en las plataformas virtuales utilizadas en el aula para que me avise de qué alumnado no ha accedido a la plataforma virtual.
- Aportar nuevas herramientas para recabar la información y analizar los resultados de la evaluación.

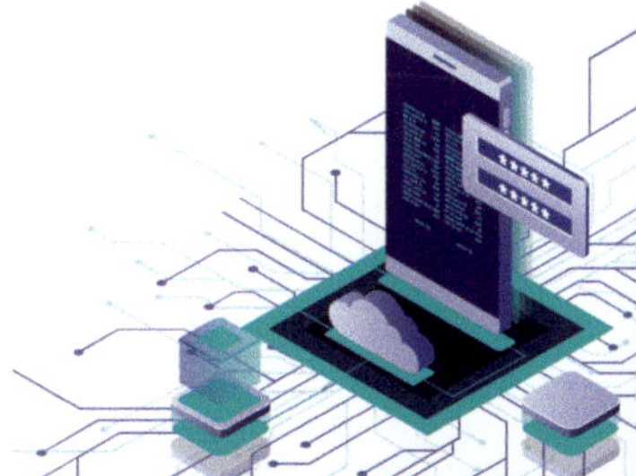

COMPETENCIA 4.3 RETROALIMENTACIÓN Y TOMA DE DECISIONES

HERRAMIENTAS[9]

Robles / Socrative / Mentimeter / Aulas virtuales

NIVEL	TAREAS / ACTIVIDADES EDUCATIVAS / SITUACIONES DE APRENDIZAJE
■	• Diseñar cuestionarios digitales que ofrecan retroalimentación inmediata y aplicaciones a los errores. (Socrative, Mentimeter, Aula virtual...)
■■	• Utilizar manuales o videotutoriales para dar retroalimentación con las herramientas del Entornos virtuales de Aprendizaje del centro sobre las tareas realizadas por el alumnado.
■■■	• Comunicar al centro, al equipo docente y de apoyo, al alumnado y a sus familias, según proceda, los resultados de los distintos procesos de evaluación a través de las tecnologías digitales siguiendo los protocolos de protección de datos personales (aulas virtuales, correo institucional, herramientas de gestión de cada Comunidad)..
■■■■	• Configurar las calificaciones dentro de la plataforma virtual de aprendizaje para que el alumnado y las familias tengan acceso a la información de evaluación de un modo continuo.
■■■■	• Explicar a las familias cómo pueden acceder a los resultados de las evaluaciones en la plataforma digital en las reuniones y tutorías. (crear breves tutoriales).
■■■■■	• Coordinar el diseño de los informes digitales de evaluación (boletines de notas, expedientes académicos, informes individualizados.) proporcionados a las familias.

[9] Ver pág. 46 "Herramientas para la evaluación".

ÁREA 5: EMPODERAMIENTO DEL ALUMNADO

Según el artículo 1 b) de la LOE modificado por la LOMLOE, entre los principio de la actual ley educativa, encontramos que "la educación debe actuar como un elemento compensador de las desigualdades personales, culturales, económicas y sociales, con especial atención a las que se deriven de cualquier tipo de discapacidad". El acceso a la información, la comunicación y el conocimiento, reduciendo o eliminando barreras físicas, sensoriales o socioeconómicas así como la brecha digital se puede mejorar mediante el empleo de tecnologías digitales.

Esta área está compuesta por las siguientes competencias:

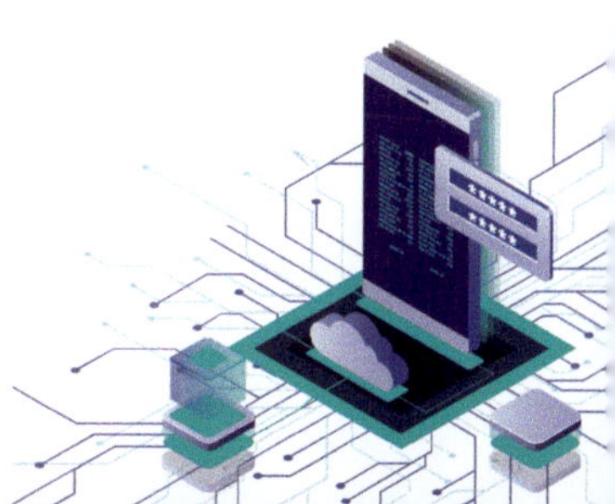

ÁREA 5. EMPODERAMIENTO DEL ALUMNADO

Fuente: Marco de Referencia de la Competencia Digital Docente.<<BOE>> núm. 116, de 16 de mayo de 2022. Elaboración propia.

La inclusión es un tema de gran importancia dentro de las aulas y consideramos importante ofrecer a los docentes herramientas digitales que les ayuden a mejorar las competencias de esta área.

5. EMPODERAMIENTO DEL ALUMNADO

COMPETENCIA 5.1 ACCESIBILIDAD E INCLUSIÓN

HERRAMIENTAS[10]

Kiddle / Exelearning / Audacity / Openshot

NIVEL	TAREAS / ACTIVIDADES EDUCATIVAS / SITUACIONES DE APRENDIZAJE
■	• Conocer las herramientas digitales para la inclusión y accesibilidad.
■■	• Seleccionar las herramientas digitales para la inclusión para compensar la brecha digital 8 herramientas libre office y de código abierto, REA: exeleraning, audacity, openchot, etc.).
■■■	• Adaptar soluciones tecnológicas (herramientas para convertir texto en audio, o al revés, Araword para crear textos con pictogramas, etc.) para la inclusión en cualquier contexto educativo permitiendo la participación y progreso de todo el alumnado en un mismo proceso didáctico.
■■■■	• Impartir formación a otros docentes sobre el uso de las tecnologías digitales para facilitar la accesibilidad e inclusión de todo el alumnado en los procesos de enseñanza y aprendizaje.
■■■■■	• Organizar y coordinar actividades formativas del profesorado para impulsar metodologías inclusivas del alumnado con NEEI.

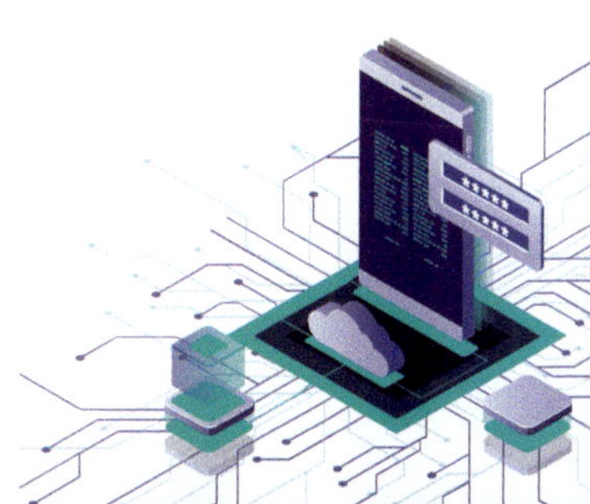

COMPETENCIA 5.2 ATENCIÓN A LAS DIFERENCIAS PERSONALES EN EL APRENDIZAJE

HERRAMIENTAS[10]

Smile and learn / Araword / Kiddle

NIVEL	TAREAS / ACTIVIDADES EDUCATIVAS / SITUACIONES DE APRENDIZAJE
1	• Conocer aplicaciones y plataformas para el desarrollo de diferentes competencias las cuales pueda adaptar a diferentes ritmos de aprendizaje.
2	• Utilizar las tecnologías digitales para responder a las necesidades personales de aprendizaje del alumnado (smile and learn, contenido del diseño universal del aprendizaje, .
3	• Ofrezco una secuencia de actividades organizadas por niveles de dificultad para que el alumnado pueda resolver de forma cooperativa, recibiendo retroalimentación inmediata sobre los posibles errores.
4	• Ofrecer a mi alumnado distintos tipos de dispositivos digitales (móvil, tableta, cámara digital, portátil, etc.) y software libre para trabajar diferentes competencias fomentando su responsabilidad y autonomía.
5	• Coordinar un equipo docente encargado de seleccionar e implantar las herramientas digitales para la inclusión y su aplicación en el aula.

[10] Ver pág. 49 "Herramientas para la inclusión y la accesibilidad".

COMPETENCIA 5.3 COMPROMISO ACTIVO DEL ALUMNADO CON SU PROPIO APRENDIZAJE

HERRAMIENTAS[11]

Foros / Aulas virtuales

NIVEL TAREAS / ACTIVIDADES EDUCATIVAS / SITUACIONES DE APRENDIZAJE

- Crear un scaperoom con ayuda de otro docente o un tutorial, relacionado con mi materia, en el que fomento la curiosidad y participación de mi alumnado.
- Utilizar por parte de mi alumnado, el uso de las tecnologías digitales que permitan la motivación, el compromiso activo del estudiante en sus aprendizajes (participación activa en foros, respuestas en debates en nuestra aula virtual, etc...)
- Facilitar a mis alumnos herramientas de videoconferencias en las que se puedan configurar grupos y asignación de roles .(Jitsi, aula virtual...)
- Diseñar una actividad basada en el aprendizaje por proyectos, indicando qué tecnología digital concreta se debe usar en cada una de las fases del proceso (búsqueda de información, investigación y plantear soluciones a los problemas)
- Coordinar actuaciones y formaciones para los docentes para establecer herramientas digitales comunes que permitan al alumnado reforzar y avanzar en el aprendizaje.

[11] Ver pág. 38 "Herramientas digitales para crear blogs, aulas virtuales, webs".

ÁREA 6: DESARROLLO DE LA COMPETENCIA DIGITAL DEL ALUMNADO

El uso de las tecnologías digitales en el proceso de enseñanza aprendizaje repercute directamente en la competencia digital del alumno que debe ejercer una ciudadanía activa, responsable y crítica. Esta área tiene una gran relevancia ya que es fundamental para que el alumnado adquiera la competencia digital ciudadana necesaria para el pleno desarrollo profesional y social.

Somos conscientes de que en los niveles educativos más altos (Secundaria, FP, Universidad, etc.) el alumnado tiene la autonomía suficiente para desarrollar eficazmente estas competencias y, en cambio, en los niveles educativos de Educación Infantil y Primaria, los docentes deben diseñar actividades de enseñanza aprendizaje teniendo en cuenta la poca autonomía del alumnado. Para ello ofrecemos en otro apartado de este libro algunas herramientas digitales específicas para los docentes de Educación Infantil, que según nuestros datos, son los que más dificultades constatan en el desarrollo de esta competencia.

La presente área comprende cinco competencias digitales que el alumnado debe desarrollar.

ÁREA 6. DESARROLLO DE LA COMPETENCIA DIGITAL DEL ALUMNADO

Fuente: Marco de Referencia de la Competencia Digital Docente.<<BOE>> núm. 116, de 16 de mayo de 2022. Elaboración propia.

Sin duda esta área y las competencias que incluyen son un reto para muchos docentes y que este área no sólo implica el desarrollo de la competencia digital del docente sino también la competencia digital del alumnado como ciudadanos de una sociedad de la información y comunicación.

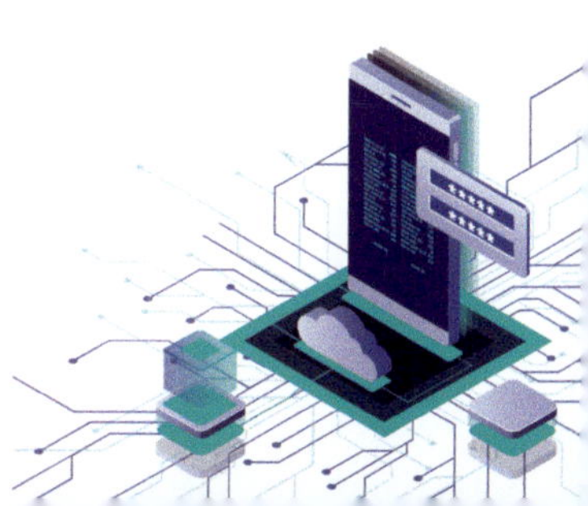

6. DESARROLLO DE LA COMPETENCIA DIGITAL DEL ALUMNADO

COMPETENCIA 6.1 ALFABETIZACIÓN MEDIÁTICA Y EN EL TRATAMIENTO DE LA INFORMACIÓN Y DE LOS DATOS

HERRAMIENTAS

Edutopia / Checkology / Common sense education / Fighting fake news / Media and Information Curriculum for Teachers (UNESCO) / Herramientas para alfebitación mediatica del alumnado

NIVEL	TAREAS / ACTIVIDADES EDUCATIVAS / SITUACIONES DE APRENDIZAJE
1	• Conocer actividades de aprendizaje en las cuales se fomenta que el alumnado tenga que utilizar navegadores para localizar información y dar respuesta a sus tareas, por ejemplo, una web quest. (Padlet, Wiki...)
2	• Configurar herramientas digitales de búsqueda y tratamiento de la información por parte del alumnado. (Symballo, youtube, Google...)
3	• Utilizar una actividad de "gamificación" en la que el alumnado deberá emplear distintos motores de búsqueda, comparar los resultados, y presentar la información de forma gráfica y visual. (genially, Break out).
4	• Crear códigos QR para que mi alumnado pueda acceder y seleccionar la información o contenido audiovisual para llevar a cabo las tareas propuestas a través de búsquedas guiadas.
5	• Coordinar las actuaciones y las actividades del plan digital del centro para desarrollar la competencia digital del alumnado en alfabetización mediática y en el tratamiento de la información y de los datos (análisis de Fake news, estudios de anuncios de publicidad...).

COMPETENCIA 6.2 COMUNICACIÓN, COLABORACIÓN Y CIUDADANÍA DIGITAL

HERRAMIENTAS[12]

Hootsuite / Enhance / Canva

NIVEL **TAREAS / ACTIVIDADES EDUCATIVAS / SITUACIONES DE APRENDIZAJE**

- Participar en actividades en las que se trabajaba el uso de herramientas de colaboración para la creación y co-creación conjunta de contenidos (MOOC, grupos de trabajo, seminarios...).
- Aplicar, con asesoramiento de otro docente, lectura o técnicas de dramatización en las que se presenten situaciones relacionadas con las publicaciones en redes sociales (ciberbullying, exposición de la vida personal de un modo inadecuado...)
- Crear encuestas sobre el uso responsable de herramientas digitales para la comunicación en redes sociales respetando la protección de datos personales y la seguridad cibernética.
- Diseñar actividades e integrarlas en la programación que fomenten las competencias digitales de la ciudadanía para adquirir identidad digital responsable.
- Liderar un proyecto Etwinning o Erasmus+ para que todo el alumnado colabore en el desarrollo de una carta de derechos digitales de la infancia y la adolescencia.

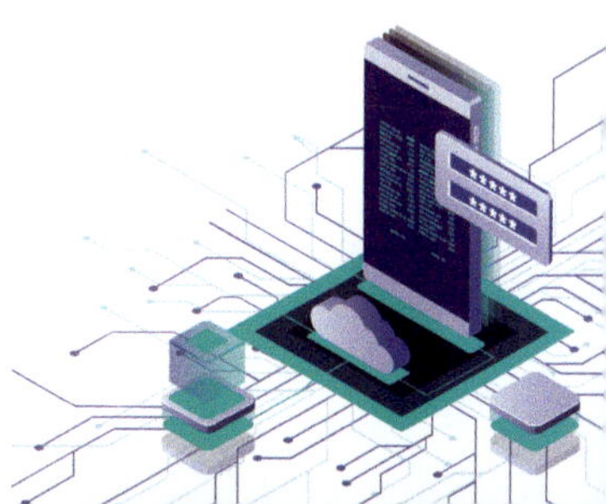

COMPETENCIA 6.3 CREACIÓN DE CONTENIDOS DIGITALES

HERRAMIENTAS[12]

Genially / Canva / Wordwall / Prezi / Powtoon / Picktochart / Plikers / Nearpod / Mindmap / GoCongr / Voki

NIVEL	TAREAS / ACTIVIDADES EDUCATIVAS / SITUACIONES DE APRENDIZAJE
1	• Conocer herramientas digitales sencillas para edición de fotografía (google draw, editor de Windows, GIMP, etc.).
2	• Utilizar distintas herramientas digitales que permitan al alumnado crear contenidos digitales (pickchart, Plikers, Prezi, Powtoon...).
3	• Crear diferentes situaciones de aprendizaje para que el alumnado desarrolle su capacidad para transmitir sus ideas y desarrollar contenidos digitales de manera creativa (ABP, ABN, aula de futuro, proyectos interdisciplinares, STEM, etc.).
4	• Coordinar acciones dentro del centro escolar para crear un banco de datos de recursos que el alumnado puede utilizar para crear contenido.
5	• Investigar los efectos que tiene en el aprendizaje del alumnado la creación y modificación de contenidos digitales.

[12] Ver pág. 39 " Herramientas para crear contenido interactivo educativo".

COMPETENCIA 6.4 USO RESPONSABLE Y BIENESTAR DIGITAL

HERRAMIENTAS [Instituto Nacional de Ciberseguridad.I NCIBE]

Protección de datos / Seguridad en la red / Ciberbullying

NIVEL TAREAS / ACTIVIDADES EDUCATIVAS / SITUACIONES DE APRENDIZAJE

- Crear un diagrama, tríptico, mapa mental, una infografía en la que se recopilen los riesgos más habituales en el uso de Internet por parte de menores.

- Conocer y aplicar las estrategias pedagógicas para integrar aspectos curriculares sobre el uso seguro, responsable, crítico, saludable y sostenible a la hora de utilizar las tecnologías digitales.

- Integrar en la programación sesiones informativas sobre proyectos de ciberbullying, protección de datos y seguridad en el uso de redes como en el plan director de la Guardia Civil, policía local, educadores sociales, etc...).

- Pedir a mis alumnos que hagan un vídeo que trate sobre hábitos saludables en el uso de dispositivos y pantallas.

- Crear y coordinar una sección dentro del plan de convivencia de mi centro, para prevenir el ciberacoso, fomentando el bienestar digital.

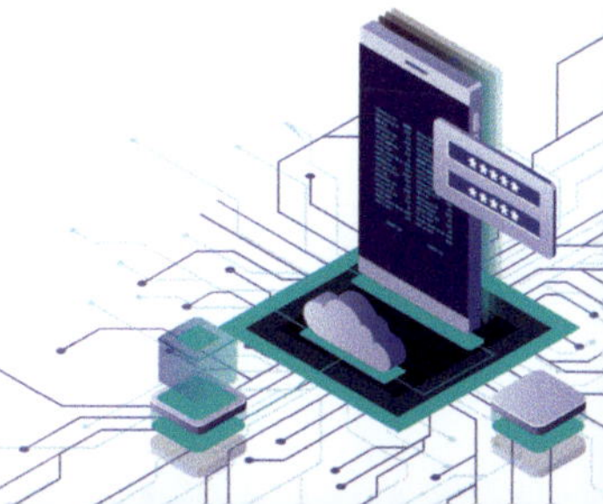

COMPETENCIA 6.5 RESOLUCIÓN DE PROBLEMAS

HERRAMIENTAS

ABP / ABN / Proyectos integradores o interdisciplinares

NIVEL	TAREAS / ACTIVIDADES EDUCATIVAS / SITUACIONES DE APRENDIZAJE
1	• Escribir una lista de problemas frecuentes relacionados con la conectividad que se pueden dar en diferentes dispositivos, y ofrecer a cada uno de ellos posibles soluciones. Enseñar al alumnado determinas prácticas para resolución de problemas tecnológicos.
2	• Diseñar proyectos, individuales o colectivos (viaje de fin de curso, proyectos CLIL, semana cultural, carnaval...) que impliquen el uso creativo de las TICs.
3	• Diseñar o adaptar distintas propuestas didácticas para que el alumnado resuelva un problema cotidiano.
4	• Proponer a mi alumnado crear un proyecto para realizar a nivel de centro, que desarrolle las diferentes competencias digitales (Taller de fotografía, subasta de arte, Semana cultural, mercadillo benéfico...) Realizando invitaciones, publicidad, etc...
5	• Coordinar y liderar un proyecto de "Comunidades de aprendizajes virtuales" para que el alumnado pueda acceder a diversas fuentes de consulta relacionados con sus centros de interés.

TIPS PARA DOCENTES DE EDUCACIÓN INFANTIL

En esta último área nos gustaría centrarnos un poco más en las actividades, tareas que desde Educación Infantil se pueden realizar para que el alumnado de edades comprendidas entre 3-6 años desarrollen su competencia digital.

Somos conscientes que el alumnado de esta etapa educativa tiene menos autonomía y por ello queremos aportar varias ideas para los docentes que se dediquen a esta etapa educativa.

En la actualidad, desde muy temprana edad se tiene contacto con los dispositivos tecnológicos y el reto de la educación en el siglo XXI es ofrecer prácticas motivadoras que permitan al alumnado ser parte activa del proceso de enseñanza-aprendizaje.

Las nuevas demandas sociales implican el desarrollo de las competencias digitales y el manejo o tratamiento de la información, el trabajo en equipo como herramientas indispensables para los ciudadanos del futuro.

En el caso de los menores, el desarrollo de esas competencias es todavía de mayor importancia ya que su futuro profesional, cada vez más tecnológico, dependerá de las habilidades que desarrolle desde su infancia, que deberán ser potenciadas tanto en el entorno escolar, como en el entorno familiar.

Hay varios estudios sobre la implementación de las herramientas digitales en educación infantil y Ramírez et al (2021) constataron que la mayoría de los alumnos de infantil son capaces de usar con autonomía diferentes herramientas digitales (el manejo del ratón, encender y apagar equipos, utilización de programas de edición, comprender objetivos de los juegos digitales, etc) cuando terminan el 2° ciclo.

Pero más allá de los números estudios realizados sobre la educación infantil y el uso de las tecnologías en el aula nos gustaría subrayar lo que, a nivel legal, el Estado español ha establecido en su legislación educativa.

El recién aprobado, Real Decreto 95/2022, de 1 de febrero, por el que se establece la ordenación y las enseñanzas mínimas de la Educación Infantil, establece la competencia digital y establece que:

> *"Se inicia, en esta etapa, el proceso de alfabetización digital que conlleva, entre otros, el acceso a la información, la comunicación y la creación de contenidos a través de medios digitales, así como el uso saludable y responsable de herramientas digitales. Además, el uso y la integración de estas herramientas en las actividades, experiencias y materiales del aula pueden contribuir a aumentar la motivación, la comprensión y el progreso en la adquisición de aprendizajes de niños y niñas"* (Anexo I, competencias claves de la Educación Infantil)

El desarrollo de esta competencia digital se debe desarrollar en cada una de las áreas establecidas en el curriculum pero desde nuestro punto de vista el área que está más estrechamente relacionado con esa competencia sería el *"Área 3. Comunicación y Representación de la Realidad*". Según se estipula

> *"este área pretende desarrollar en niños y niñas las capacidades que les permitan comunicarse a través de*

diferentes lenguajes y formas de expresión como medio para construir su identidad, representar la realidad y relacionarse con las demás personas" (Anexo I, Área3: Comunicación y Representación de la realidad).

En la sociedad actual las formas de comunicarse y los medios para ello han sufrido una gran transformación y desde los centros educativos se deben establecer pautas para el desarrollo de hábitos de uso saludables de las herramientas y tecnologías digitales, iniciándose así un proceso de alfabetización digital desde las primeras etapas.

El Real Decreto establece también determinadas competencias específicas que se deben desarrollar a lo largo de la etapa de Educación infantil y para impulsar el desarrollo de la competencia digital del alumnado (área 6 del MRCDD) proponemos varias tareas de fácil aplicación en el aula.

El trabajo por rincones es una metodología bastante común en esta etapa educativa y por ello consideramos de gran utilidad crear un espacio apropiado para el desarrollo de la competencia digital del alumnado.

La creación del "RINCÓN DEL PERIODISTA", "SOMOS ACTORES" o cualquier denominación que se le quiere atribuir a ese espacio, favorecerá muchísimo la organización de tareas para el desarrollo de distintas competencias digitales.

Te ofrecemos algunas ideas de cómo diseñar ese rincón y debemos tener claro que no implica grandes recursos digitales ya que, con una sola tablet, un croma sería suficiente para comenzar la divertida tarea de la digitalización.

Aquí os dejamos varios ejemplos de rincones digitales muy sencillos pero que tienen una gran función:

Fuente:
http://enmiauladeinfantil.blogspot.com/

Pero antes de andentrarnos en el uso de las TIcs en educación infantil, nos gustaría subrayar la importancia de la competencia 4, dentro del área 6 del MRCDD que trata sobre el uso responsable y el bienestar digital". No olvidemos que en edades tempranas el tiempo de uso de los dispositivos digitales debe ser limitado y siempre se deben utilizar con un fin pedagógico y no para "rellenar tiempos muertos".

Hay un sinfín de ideas para desarrollar la competencia digital en el alumnado de infantil y nosotras hemos considerado relevante unir las actividades pedagógicas con cada una de las competencias específicas que la actual legislación estipula.

COMPETENCIA ESPECÍFICA

1 **Manifestar interés por interactuar en situaciones cotidianas a través de la exploración y el uso de su repertorio comunicativo, para expresar sus necesidades e intenciones y responder a las exigencias del entorno.**

TAREAS TIPO

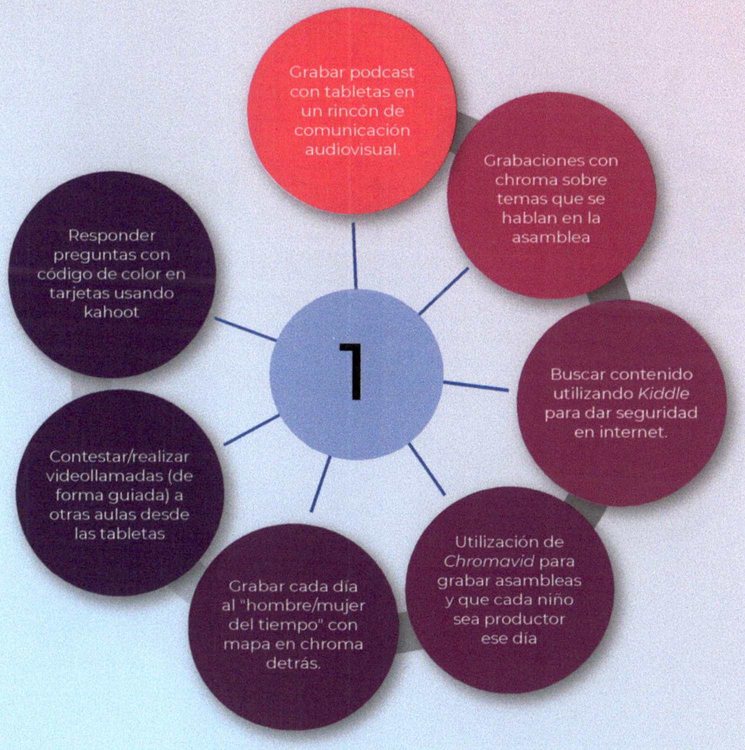

1

- Grabar podcast con tabletas en un rincón de comunicación audiovisual.
- Grabaciones con chroma sobre temas que se hablan en la asamblea
- Buscar contenido utilizando *Kiddle* para dar seguridad en internet.
- Utilización de *Chromavid* para grabar asambleas y que cada niño sea productor ese día
- Grabar cada día al "hombre/mujer del tiempo" con mapa en chroma detrás.
- Contestar/realizar videollamadas (de forma guiada) a otras aulas desde las tabletas
- Responder preguntas con código de color en tarjetas usando kahoot

Fuente: Real Decreto 95/2022, de 1 de febrero, por el que se establece la ordenación y las enseñanzas mínimas de la Educación Infantil.

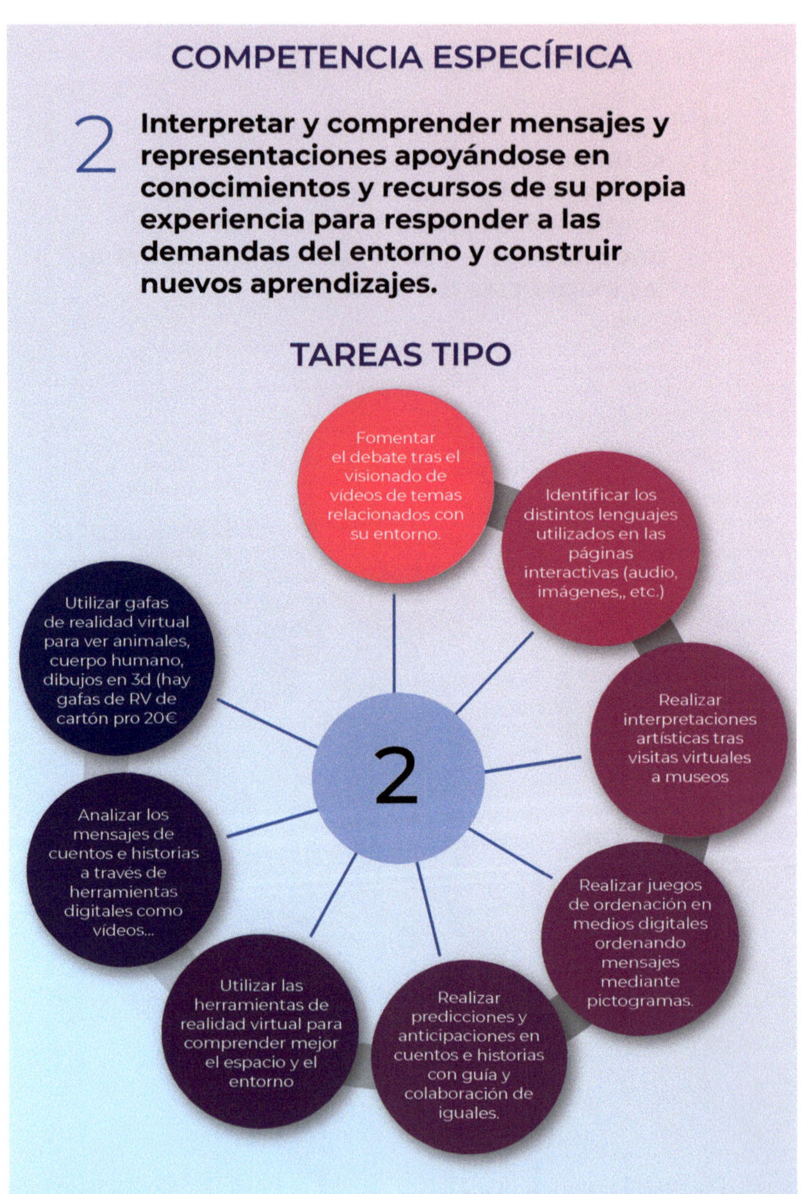

Fuente: Real Decreto 95/2022, de 1 de febrero, por el que se establece la ordenación y las enseñanzas mínimas de la Educación Infantil.

COMPETENCIA ESPECÍFICA

3 **Producir mensajes de manera eficaz, personal y creativa, utilizando diferentes lenguajes, descubriendo los códigos de cada uno de ellos y explorando sus posibilidades expresivas, para responder a diferentes necesidades comunicativas.**

TAREAS TIPO

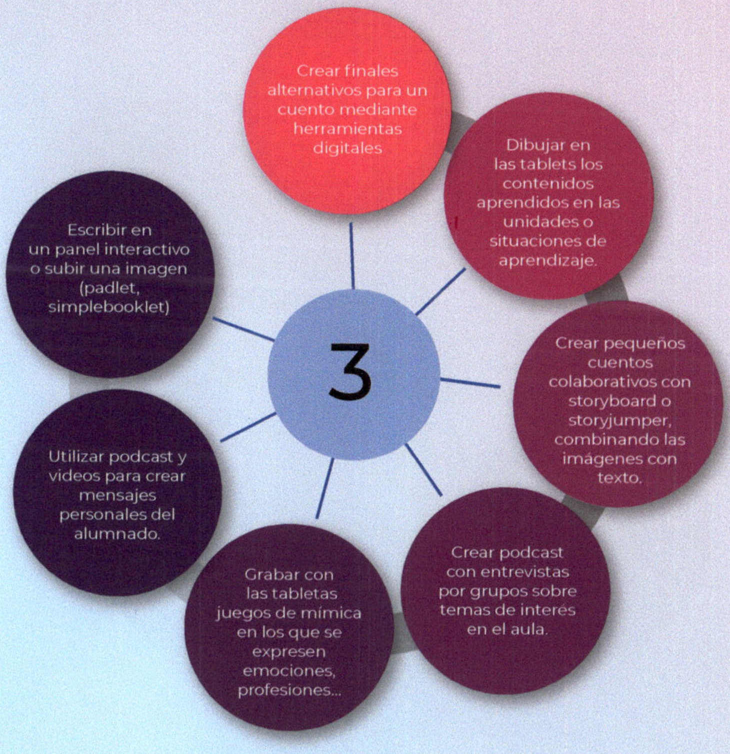

3

- Crear finales alternativos para un cuento mediante herramientas digitales
- Dibujar en las tablets los contenidos aprendidos en las unidades o situaciones de aprendizaje.
- Crear pequeños cuentos colaborativos con storyboard o storyjumper, combinando las imágenes con texto.
- Crear podcast con entrevistas por grupos sobre temas de interés en el aula.
- Grabar con las tabletas juegos de mímica en los que se expresen emociones, profesiones...
- Utilizar podcast y videos para crear mensajes personales del alumnado.
- Escribir en un panel interactivo o subir una imagen (padlet, simplebooklet)

Fuente: Real Decreto 95/2022, de 1 de febrero, por el que se establece la ordenación y las enseñanzas mínimas de la Educación Infantil.

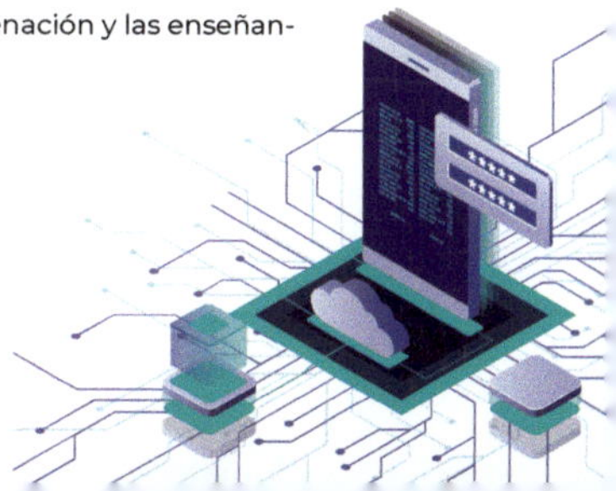

Fuente: Real Decreto 95/2022, de 1 de febrero, por el que se establece la ordenación y las enseñanzas mínimas de la Educación Infantil.

Fuente: Real Decreto 95/2022, de 1 de febrero, por el que se establece la ordenación y las enseñanzas mínimas de la Educación Infantil.

CONCLUSIÓN

Como hemos podido constatar a lo largo de este libro, en los últimos años, el desarrollo de la competencia digital ha implicado ir más allá de conocimientos, destrezas y actitudes particulares que los docentes deben desarrollar para una mejora individual, y se les demanda impulsar el desarrollo de la competencia digital de sus estudiantes. Por lo tanto, se propone avanzar desde un empoderamiento individual del docente en un mundo tecnológico hacia procesos de enseñanza aprendizaje que impliquen la transferencia del desarrollo de la competencia a los estudiantes para formar futuros ciudadanos digitalmente competentes.

Todo ello conlleva que el docente debe empoderar al alumnado de las habilidades, actitudes y conocimientos necesarios para desarrollar competencias en el uso de las tecnologías de la información y comunicación.

Nuestros alumnos encuentran en las TIC un lugar de encuentro con amigos y compartido de experiencias y al mismo tiempo muestran cierta autonomía inédita respecto de los adultos cuando de dispositivos digitales se trata. Según los estudios de Casany y Ayala, en 2008, los alumnos aprenden acerca de una gran variedad de cuestiones a través de juegos, sitios de redes sociales, consultas entre pares, foros y tutoriales online mediante las tecnologías. Y diversos estudios han demostrado que estos "nativos digitales" que hoy en día son nuestros alumnos, incrementan su motivación en el aprendizaje si el método pedagógico introduce herramientas digitales.

Estas dos variables, docentes "inmigrantes digitales" y alumnado, "nativo digital" crea, a veces, una brecha digital generacional que se pretende solventar mediante el desarrollo de la competencia digital docente.

Hemos creado este libro para ofrecer diversas herramientas digitales y tips educativos que permitan al docente acercarse a la realidad social, psicológica de sus alumnos.

En internet podemos encontrar millones de recursos digitales pero hemos seleccionado aquellas que más apropiadas nos parecían para cada una de las áreas y competencias.

Somos conscientes que la aportación de ideas sobre el uso de las TIC en el aula es algo muy subjetivo y apto para críticas pero con este libro, no pretendemos crear una"biblia tecnológica" sino compartir con otros docentes nuestros conocimientos sobre distintas herramientas y las posibles fórmulas para aplicarlas en el aula.

Consideramos de gran importancia acercar nuestro mundo pedagógico al mundo real de nuestros alumnos y el uso de las TIC, sin duda, puede ser un buen puente para ese acercamiento y más teniendo en cuenta esa enseñanza inclusiva, que debería ser el fin de cada acto pedagógico. Ese acercamiento implica ser consciente que "no hay dos cerebros iguales" (según los últimos estudios de la neurociencia) y esta variabilidad cerebral determina los diferentes modos en que los alumnos acceden al aprendizaje, las múltiples maneras en que expresan lo que saben y las diversas formas en que se van a motivar e implicar en su propio aprendizaje. Y el uso de las TIC nos permite ofrecer una gran variedad de actividades y tareas que atiendan a los diversos estilos de aprendizaje, y a las diferentes capacidades del alumno.

Somos conscientes que los cambios tan vertiginosos en el mercado tecnológico causa, a veces, gran frustración y cansancio entre los docentes y por ello queremos aglutinar en el presente libro herramientas que faciliten las tareas a los docentes.

Nos gustaría recalcar, una vez más, que la competencia digital docente, comprende tan sólo dos áreas(2 y 6) dedicadas especialmente a digitalización, y que las demás cuatro áreas (3, 4, 5) se enfocan, totalmente, a la medotología y la pedagogía que se lleva a cabo en las aulas. Por ello consideramos que no debe existir el miedo a la competencia digital docente ya que el propio MRCDD no sé centra sólo en el uso de las TIC sino en una transoformación metodológica que conduzca al desarrollo integral de nuestro alumnado. La competencia digital del alumnado es sólo una de las competencias a desarrollar pero mediante este MRCDD debemos conseguir impulsar el desarrollo de la competencia lingüística, plurilingüística, social, cultural, stem, etc. digitales deben tener siempre presente el uso responsable y el bienestar digital del alumnado, porque, sin duda, el uso excesivo de las Tic causan problemas de salud física y mental que no podemos obviar. Debemos ser conscientes de los riesgos más habituales en el uso de las TIc, cómo afecta a la salud física y mental del alumnado y cómo prevenirlos. El alumnado y los docentes deben ser participe y conscientes de esos efectos que el uso de las TIC produce y establecer mecanismos para fomentar el bienestar digital.

Esperamos que encontréis muy útil algunas ideas de las que hemos aportado y para cualquier duda, estamos disponibles en muchas redes sociales.

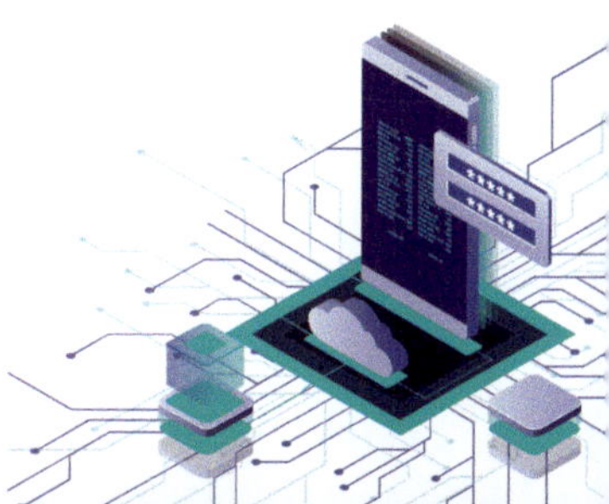

BIBLIOGRAFÍA

Blackwell, C. K., Lauricella, A. R., y Wartella, E. (2016). *E influence of TPACK contextual factors on early childhood educators' tablet computer use.* Computers & Education, 98(1), 57-69. DOI: http://dx.doi.org/10.1016/j.compedu.2016.02.010

Chang, Y., Jang, S., y Chen, Y. (2015). *Physics instructors' TPACK development in two contexts.* British Journal of Educational Technology, 46, 1236-1249.

Carretero, S., Vuorikari, R., y Punie, Y. (2017). *DigComp 2.1: The Digital Competence Framework for Citizens With eight proficiency levels and examples of use.* Luxembourg: Publication Office of the European Union. doi: https://doi.org/10.2760/38842

COMISIÓN DE LAS COMUNIDADES EUROPEAS. (2003). *Educación y Formación 2010. Urgen las reformas para coronar con éxito la estrategia de Lisboa.* Brussels: Publications Office of the European Union.

CONSEJO DE LA UNIÓN EUROPEA. (2018). *Recomendación del Consejo, de 22 de mayo de 2018, relativa a las competencias clave para el aprendizaje permanente.* Bruselas: Diario Oficial de la Unión Europea.

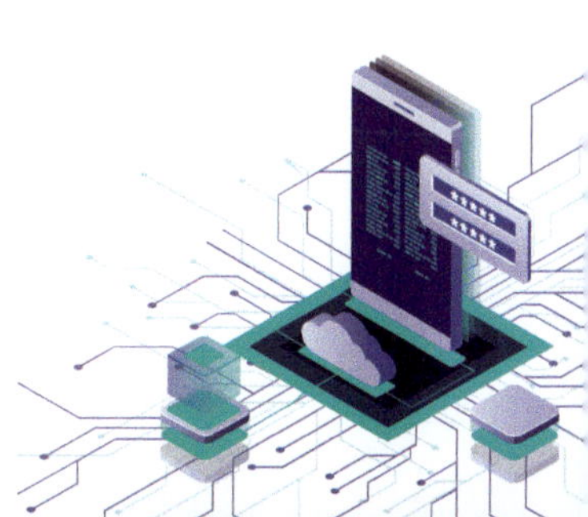

Ghomi, M., y Redecker, C. (2018). *Digital Competence of Educators (DigCompEdu): Development and Evaluation of a Self-Assessment Instrument for Teachers' Digital Competence.* Berlin: Joint Research Center.

Graham, C., Borup, J., y Smith, N. (2012). *Using TPACK as a framework to understand teacher candidates' technology integration decisions.* Journal of Computer Assisted Learning, 28(6), 530-546.

Hatlevik, O. E., Throndsen, I., Loi, M., y Gudmundsdottir, G. B. (2018). *Students' ICT self-efficacy and computer and information literacy: Determinants and relationships.* Computers & Education, 118, 107–119. doi: https://doi.org/10.1016/J.COMPEDU.2017.11.011

Koehler, M. J., Mishra, P., & Cain, W. (2015). *¿Qué son los Saberes Tecnológicos y Pedagógicos del Contenido (TPACK)?.* Virtualidad, Educación Y Ciencia, 6(10), pp. 9–23.

INTEF. (2017). *Marco Común de Competencia Digital Docente. Madrid: Instituto Nacional de Tecnologías Educativas y Formación del Profesorado.*

Redecker, C., y Punie, Y. (2017). *Digital Competence of Educators DigCompEdu.* Luxembourg: Publications Office of the European Union.

Roig-Vila, R., Mengual-Andrés, S., y Quinto-Medrano, P. (2015). *Conocimientos tecnológicos, pedagógicos y disciplinares del profesorado de Primaria.* Comunicar, 45(23), 151–159. doi: https://doi.org/http://dx.doi.org/10.3916/C45-2015-16

Salas-Rueda, R. A. (2018). *Uso del modelo TPACK como herramienta de innovación para el proceso de enseñanza-aprendizaje en matemáticas.* Perspectiva educacional, 57(2), 3-26.

UNESCO, 2008. *Estándares de competencia en TIC para docentes, Londres, UK* (http://www.eduteka.org/EstandaresDocentesUnesco.php).

UNESCO, 2012.*Declaracion de Paris OER 2012,* Congreso mundial sobre los recursos educativos abiertos (rea) UNESCO, París, (http://www.unesco.org/new/fileadmin/MULTIMEDIA/HQ/CI/CI/pdf/Events/ Spanish_Paris_OER_Declaration.pdf).

Yeh, Y., Hsu, Y., Wu, H., Hwang, F., y Lin, T. (2014). *Development and validation of TPACK-practical.* British Journal of Educational Technology, 45, 707-722.

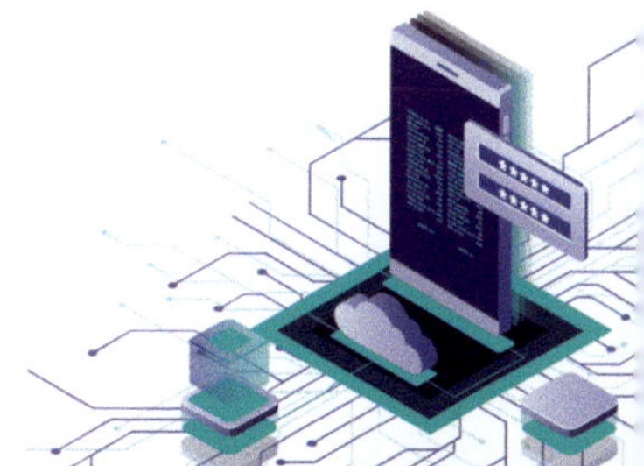